探索未知 改变世界
科学大爆炸
可爱与凶猛
猫

可爱与凶猛

[美] 安迪 · 赫希　文图
刘基文　译

贵州出版集团　贵州人民出版社

本书插图系原文插图

版权合同登记号 图字：22-2022-041

审图号 GS京（2023）0281号

图书在版编目（CIP）数据

可爱与凶猛 ： 猫 / (美) 安迪·赫希文图 ； 刘基文译. -- 贵阳 ： 贵州人民出版社, 2023.5（2024.4 重印）
（科学大爆炸）
ISBN 978-7-221-17600-4

Ⅰ. ①可… Ⅱ. ①安… ②刘… Ⅲ. ①猫－少儿读物
Ⅳ. ①Q959.838-49

中国版本图书馆CIP数据核字(2022)第256549号

KEXUE DA BAOZHA
KE'AI YU XIONGMENG：MAO
科学大爆炸
可爱与凶猛：猫
［美］安迪·赫希 文图 刘基文 译

出版人 朱文迅 策划 蒲公英童书馆
责任编辑 颜小鹂 姚远芳 装帧设计 王学元 曾念 责任印制 郑海鸥

出版发行 贵州出版集团 贵州人民出版社
地址 贵阳市观山湖区中天会展城会展东路SOHO公寓A座（010-85805785 编辑部）
印刷 北京博海升彩色印刷有限公司（010-60594509）
版次 2023年5月第1版
印次 2024年4月第2次印刷
开本 700毫米×980毫米 1/16
印张 8
字数 50千字
书号 ISBN 978-7-221-17600-4
定价 39.80元

前 言

如今，猫已经随处可见，养猫的家庭比养其他任何宠物的都要多（除了鱼）。尽管猫很受欢迎，但是人们似乎对它们又爱又恨，从几千年前人类和猫第一次相遇便是如此！古埃及时，猫受到了人们的青睐，同时也被当作祭献的祭品；中世纪时，人们将猫与巫术联系在一起；后来，猫被看作是好运或厄运的化身（取决于所在国家或地区的文化）。猫在与人类的交往过程中，命运跌宕起伏。即使在如今，网红“不爽猫”和“小家伙”[①]、各种猫主题咖啡馆，以及网上浏览量超过260亿的猫主题视频等猫文化如此受欢迎，也不是所有人都喜欢猫。有人认为猫会杀死小鸟，还会传播病毒，当然，还有相当多的人只是纯粹害怕猫（一种针对猫的恐惧症，也叫“恐猫症”）。

对于爱猫人士来说，没有什么能比猫的呼噜声更抚慰人心了，尤其是当猫躺在腿上的时候。尽管已经和猫建立了亲密的关系，但对许多人来说，猫的心思还是让人迷惑。它究竟在想什么？它真的爱我吗？为什么它在凌晨五点时突然扑我的头？为什么它好像很喜欢我的抚摸却又突然咬我？它怎么知道我们想让它们在哪里上厕所？

①国外人气超旺的两只网红猫。

我对猫的天性有很多不解，后来我的猫去世让我决心搞懂这些疑问。于是我到当地的动物收容所做志愿者，接触更多的猫。因为大多数时间和猫在一起，让我以为对猫无所不知，但在动物收容所待了几周后我才意识到，我还有很多东西需要学习。猫作为有领地意识的动物，对生活环境的依赖要先于对人类的依赖。让我觉得有意思的是，每只猫对新环境的反应都不一样：一些猫会出现应激反应，另一些猫却很适应。这些性格的差异是基因造成的吗？还是因为它们的成长经历？是否只有在像动物收容所这样紧张的环境下，它们才会有这些行为？这些疑问让我意识到，我想研究关于猫的一切！

时至今日，作为一名科学家和猫行为顾问，我的工作是帮助人们更好地了解猫。养猫的人会问我各种各样的问题：为什么他们的猫不能友好相处？为什么他们的猫不会用猫砂盆？为什么他们的猫整晚不睡觉？我最近的研究课题是帮人们更进一步了解猫的社会性和成长。

如果你想真正了解猫，你得知道：它们是如何与人类在一起生活的，它们的身体是怎么运作的，以及它们玩耍、吃饭和睡觉等行为的动机都是由一件事决定的——狩猎。

一旦明白捕食者身份对猫的重要性，你就会打开一个全新的世界，再也不能用以往的眼光看待猫的嬉闹了！通过本文主人公豆豆的故事，你会发现这只饥肠辘辘的小猫咪，只能通过狩猎（或者人类喂食）的方式填饱肚子。现在的猫基本上有两种选择：要么成为“杀手”，要么成为宠物（偶尔有猫两者兼顾）。但猫即便成为毛茸茸的家养宠物，仍然具备“杀手”的本能。

与狗充满热情地走进人类的饲养环境不同，猫悄无声息地走进了人类的世界。在对猫的整个驯化过程中，人类并没有要求它们做过多的改变，这真的很奇特。人类喜欢猫，因为猫暖心、可爱，还会抓老鼠，而它们喜欢上人类可能是因为人类也暖心、可爱，还能提供食物，没错，就像现在一样！

我们没有改变猫的习性，但是我们几乎在一夜之间改变了它们的生活环境。它们曾自由地生活在野外，现在它们大部分时间都得待在室内。毫无疑问，待在室内对猫和鸟都更安全，但是如果它们整天无所事事，可能也会有些无聊。毕竟，室内除了偶尔出现的小虫子，可没有什么好猎物。正如本书中豆豆的主人在室内营造了一个猫咪乐园——你也可以为自己的小猫做同样的事情！

狗的天性总是非常外放，猫则显得有些神秘，但我预感这一切都将改变。近年来，从人们对猫科学兴趣的提升也反映出“猫文化”的吸引力——人们对猫的喜爱再创历史新高。也许不像网站上260亿浏览量的猫视频那样高，但我得说，人们正在步入猫科学的复兴时期。我们也意识到，想要更好地研究猫，必须使用创新的方式，比如使用技术设备（如相机和加速度计），在猫熟悉的环境，而不是在实验室观察它们（因为它们的领地意识很强），以便更好地了解它们的习性。

如果你对科学感兴趣，尤其是对猫感兴趣的话，这本书会是一个很好的启蒙，你将会理解猫是如何与人类相处并爱着人类的，也会理解人类为什么如此喜爱猫。如果你养了一只猫，这本书将帮助你和它成为更好的朋友……说不定你们中有些人会继续研究猫。希望你能像我一样喜欢这本书，并从中受到启发！

——米克尔 · 玛丽亚 · 德尔加多博士
加州大学戴维斯分校兽医学院博士后研究员
猫科心理研究中心猫行为学顾问

嗡嗡嗡嗡嗡嗡嗡

咔！
1
2
……
明星故事
第901集
开拍

喵——呜。
浏览量10 000亿，持续增长中……

喵——

噢，我睡着了吗？聚光灯在哪儿？

噢，
在这儿！

抱歉，这种生活真
的太累了。
哈欠！

好了，你的问题是
什么来着？
描述一下
成为明星的
那一刻？

呃，你有时
间听吗？
你需要了
解一些故事
背景，才能
理解。

广告招租
我得从头说起……

我记忆中的第一件事就是饥饿。
唧
唧
唧
第二件事就是填饱肚子。
猛
扑
我不知道我在哪儿，也不知道我为什么在这里，我只是一只肚子空空的小猫。
别跑！
人生啊！

以为你很
聪明吗？
唧

等你到了我
肚子里……
唧

看你还怎么
聪明……
唧

猛扑！
暂停！

看到这个了吗？
这个代表的含义，
远超你的想象。

哦，是的，
别看我可爱的
脸迷倒了数百
万人！

它也是所有猎
物的噩梦！

这是来自食肉动
物的微笑，而且不是
一般的食肉动物，
而是——
女士，
您的牛
排。
豆豆最爱的食物

超级食肉
动物！
还有您
的配菜。
豆豆最爱的肉类

啊呜啊呜！
咕嘟
猫科动物的牙齿生来就是为了吃肉的。如果将我们的牙齿和其他食肉动物的牙齿对比就会发现，我们的牙齿更具优势。
犬科动物口腔里这些又大又尖的牙齿叫裂齿，它咬肉就像剪刀绞开肌肉纤维。
长在裂齿后面用来咀嚼的牙齿叫臼齿，顶部比较平，很适合磨碎植物！从牙齿能看出，犬科动物什么都吃。
口水
吠吠
嘎吱 嘎吱
熊科动物的牙齿不适合切割食物，更适合研磨，虽然它们是食肉动物，但有些也会吃大量植物。
猫科动物没有用于研磨食物的臼齿，因为不需要！超级食肉动物只想要肉！肉！肉！

猫科动物中，最著名的牙齿是剑齿虎亚科的牙齿。世界各地的史前物种中都有这种又长又危险的犬齿。
剑齿虎亚科中，这三位成员最值得一提。
这些牙齿很夸张对吧？嘴都包不住！
纤细刃齿虎
致命刃齿虎
毁灭刃齿虎
什么？剑齿虎捕食的时候是闭着嘴的？
咿
如果我这样闭嘴捕猎的话，那我怎么吃掉它啊！

不过，如果剑齿虎用长牙攻击奔跑中的猎物，它们的长牙很可能被猎物拽掉！

扑食一直都是
猫科动物狩猎的必
备技能！
事实上，我们
是唯一一种在撕咬猎
物前先用前爪扑猎物
的食肉动物。
但这并不意味着
每次都能成功。
扑
喵！
唧唧
扑
扑
喵！
唧唧
喵！
扑
唧唧
喵！
唧唧
扑
扑
喵！
瞧我那连连受
挫的样子。

如果我突然捕猎的话，我的爪子会发挥非常大的作用。

看，灵活吧？

如果我把爪子的最后一个指关节收起，让它挨着第二个指关节，尖爪就看不见了。

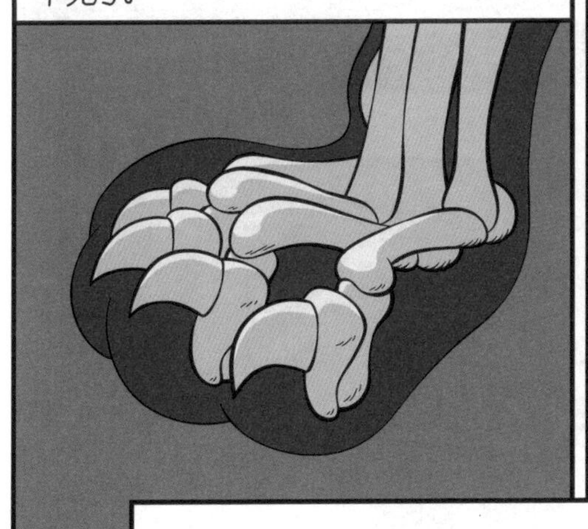

我们可以随时伸缩爪子。爪子缩回去代表我们很放松，但如果伸出来了，朋友，别惹我。

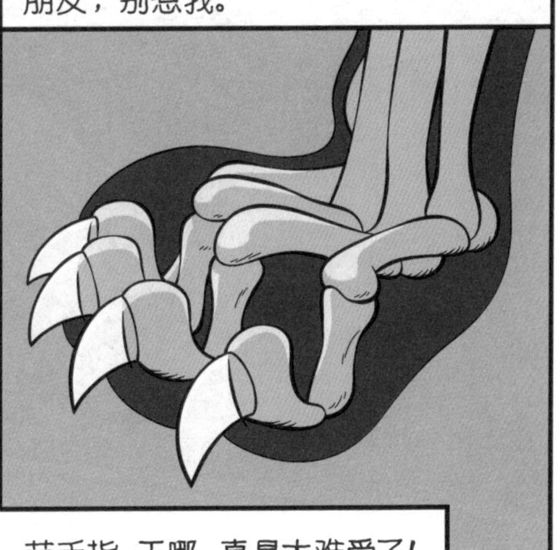

如果猫没了尖爪，就像人类少了一节手指，天哪，真是太难受了！

我们的爪子很敏感！我们能通过爪子知道东西挠不挠得动。
如猎物、树、书本……

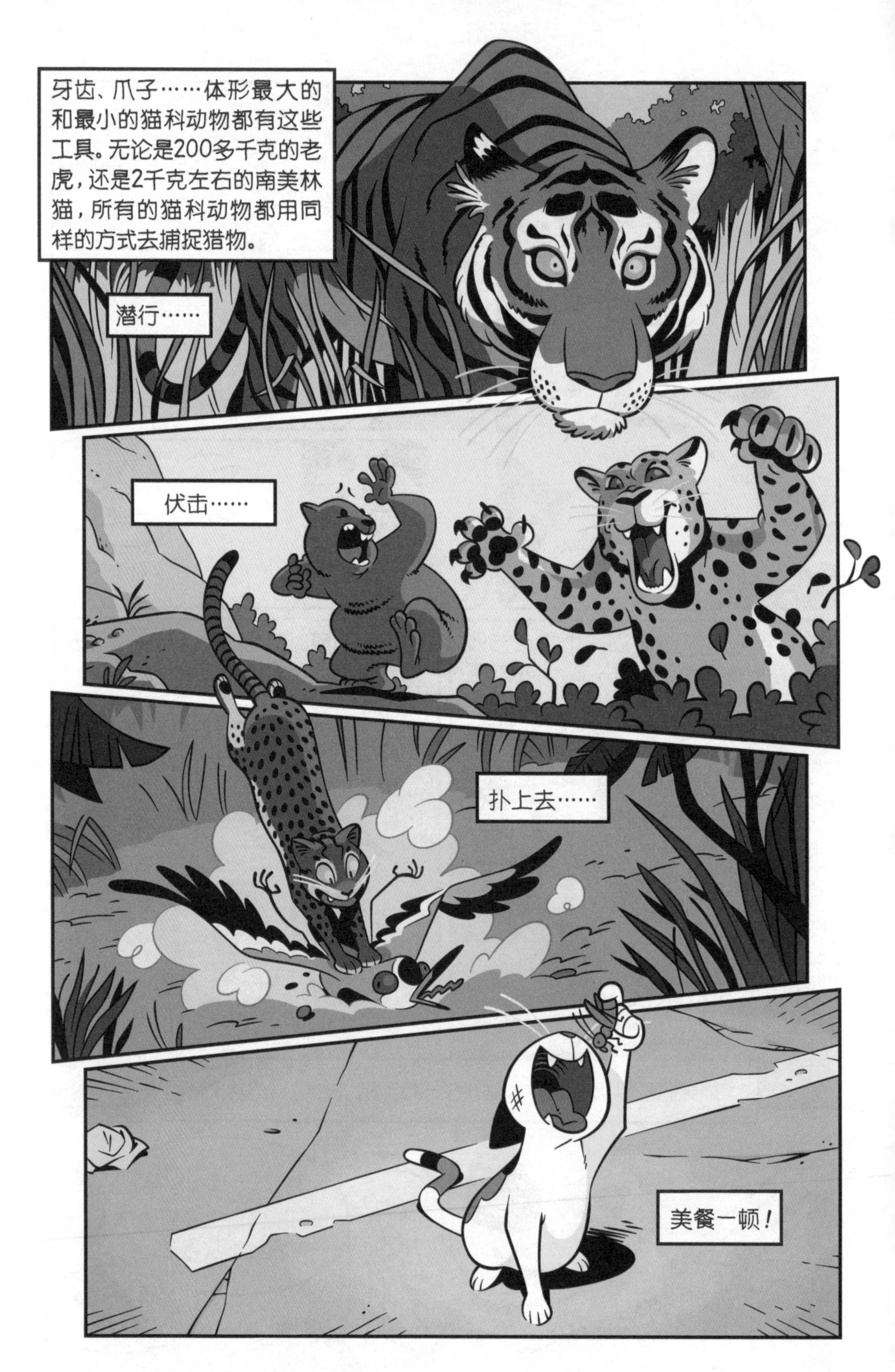
牙齿、爪子……体形最大的和最小的猫科动物都有这些工具。无论是200多千克的老虎，还是2千克左右的南美林猫，所有的猫科动物都用同样的方式去捕捉猎物。
潜行……
伏击……
扑上去……
美餐一顿！

但有个特例值
得注意——
哇啊啊！
嗖
那就是猎豹！
猎豹擅长追逐猎物！它们是陆地上跑得最快的动物，最高时速可达97千米，而且它们每步跨越可以超过6米！
虽然它们只能短时间冲刺，但这足够追上羚羊了。
猎豹来了！
快跑！

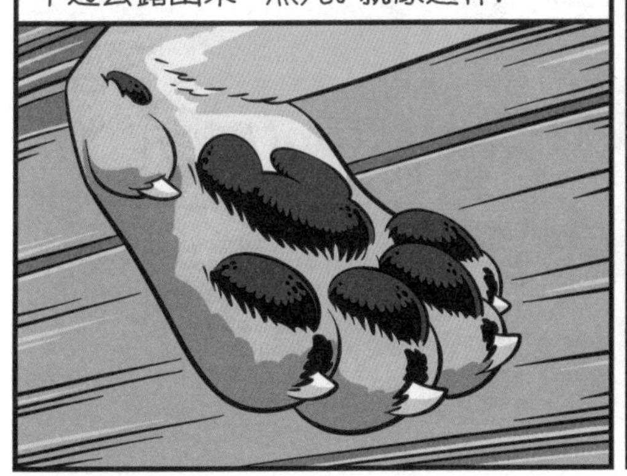
据说猎豹不能像其他猫科动物那样将爪子收进爪鞘，但它们也能收爪子，只不过会露出来一点儿。就像这样！

你甩不掉
我的！
在冲刺时，完全伸出的爪子就像钉鞋一样，能够给猎豹提供更多抓地力。

如果你感到不适，可以跳过本段，但狩猎本就是猫科动物的天性。
所有肉肯定都有它的来源。

住手！孩子们正看着呢！

大多数猫科动物在捕获体形较大的猎物时，通常会先扑上去，再从猎物的下方咬破气管使其窒息。
睡吧，睡吧，我的晚餐……

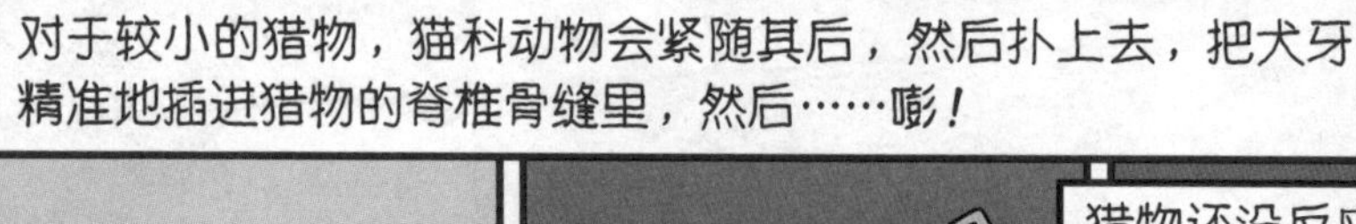
对于较小的猎物，猫科动物会紧随其后，然后扑上去，把犬牙精准地插进猎物的脊椎骨缝里，然后……嘭！

猎物还没反应过来就结束了。

不过，如果是没有脊椎的猎物，那就不用这么麻烦了。
嚼
嚼

你可以一口吞了它。
咕嘟

咕噜咕噜！
唉！

对我来说，这不算一个合格的猎场。

一个合格的猎场，应该有总体重百倍于猫体重的猎物，所以一两只蛐蛐根本不顶事。

这种生存环境对我来说已经很艰难了，但有些猫科动物在更恶劣的环境中也能生存。
还是这么实在。

比如，沙猫。

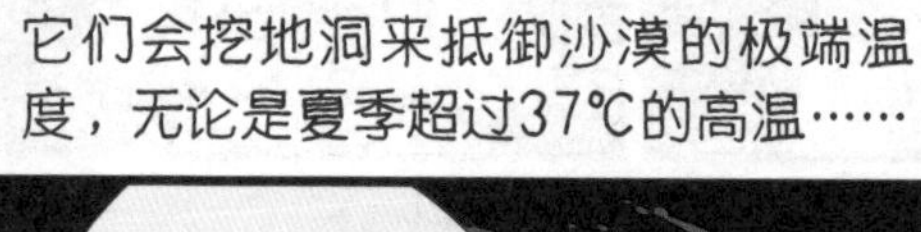

它们会挖地洞来抵御沙漠的极端温度，无论是夏季超过37℃的高温……

还是冬季夜晚低于-17℃的低温。

啊呜，啊呜！好烫啊！
沙子的温度有时甚至能达到79℃，这些沙猫的爪子底部有很多毛，可以为肉垫隔热。

当它们很难找到水源时（多数情况都很难找到水），也不用为沙猫担心，它们可以从猎物身上获得身体所需的水分。

另一个极端是生活在雪山之巅的雪豹。
那儿的海拔很高，空气稀薄而寒冷，雪豹超大的鼻孔可以帮助它们呼吸到足够的氧气。
吸——
呼
为了保暖，雪豹长着比其他野生猫科动物更长的毛。
像沙猫一样，雪豹的脚掌也很特别。
雪豹的大脚掌走在松软的积雪上，就像雪鞋一样。
嘎吱
嘎吱
嘎吱

有些猫科动物，
即便亲缘关系很近，
生存环境却大不相同，
比如这些种类的猞
（shē）猁（lì）。

看，加拿大猞猁为了在冰雪中保暖，长得毛茸茸的！

而同样是猞猁，红猞猁的毛发却很短。

红猞猁的脚掌跟我的一样……

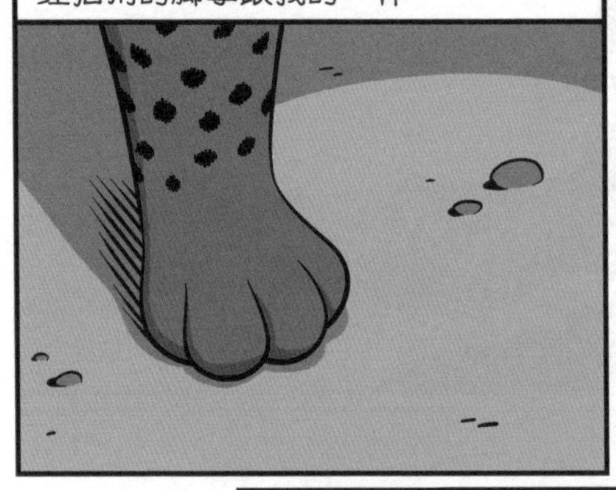

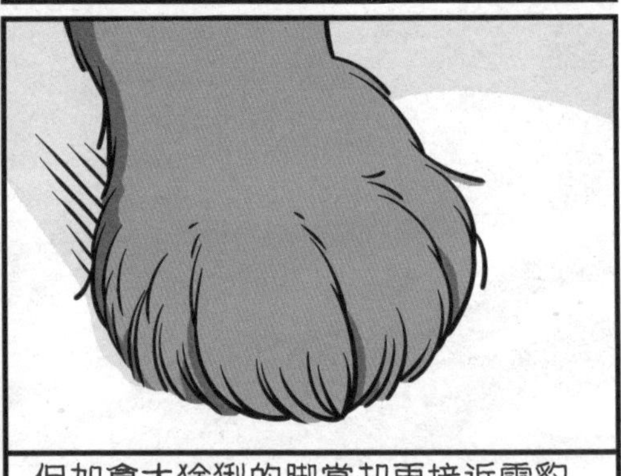

但加拿大猞猁的脚掌却更接近雪豹，像穿了雪鞋一样。

猞猁遍布各地，并且为了适应所处的环境，不同种类的猞猁长得都不太一样。

猞猁还有一些
特别的地方……比
如尾巴特别短！
什么？
拜托！
尾巴有助于保持平衡，因此大多数猫科动物都有长长的尾巴。如果感到身体右倾了，把尾巴摆到左边就行了。轻而易举！

尾巴可以帮它们在树枝上保持平衡。
还能让它们在高速转弯时不摔倒。
甚至可以在水中当成掌控方向的舵来使用。

猞猁很少会跳到树上，也不会经常游泳，所以短尾巴就够用了。

你那是什么表情？
“猫怕水？”不不不。
水？那又怎样！

很多猫科动物都很喜欢水！因为水里也有猎物。最擅长游泳的猫科动物是渔猫，生活在水里的鱼、青蛙、鸭子……都是它们的自助餐！

有时候下水冲个凉也挺好的，这没什么！

但毛湿透了会很冷，这也是一些猫不喜欢湿漉漉的原因。

家猫比其他猫科动物更需要温暖，因此我离不开阳光。

而且，我小时候对水的印象可不像在浴室淋浴那么轻松愉快。

咔嚓——

我可忘不了。

又累又饿，还变成了落汤“猫”。虽然现在情况变好了，但回想起当时的窘迫，还是会觉得难过。

接着说尾巴，我认为猫科动物中，尾巴最厉害的，当数……
云豹！它们的尾巴和身体一样长！
一半是身体，一半是尾巴，完美！
因为它们多数时间待在树上，所以尾巴那么长也就不足为奇了。
它们可以完成其他猫科动物做不到的杂技动作，比如头朝下地爬下树！
或是倒吊着在树枝上行走！
甚至可以用后爪抓着树枝，倒挂在空中！
虽然拥有杂技天赋，但云豹的名字却是源自它独具特色的皮毛图案。

猫科动物的毛色
与栖息地有很大
的关系。
比如生活在茂密的灌木丛或森林中的猫科动物皮毛通常
长有花纹。

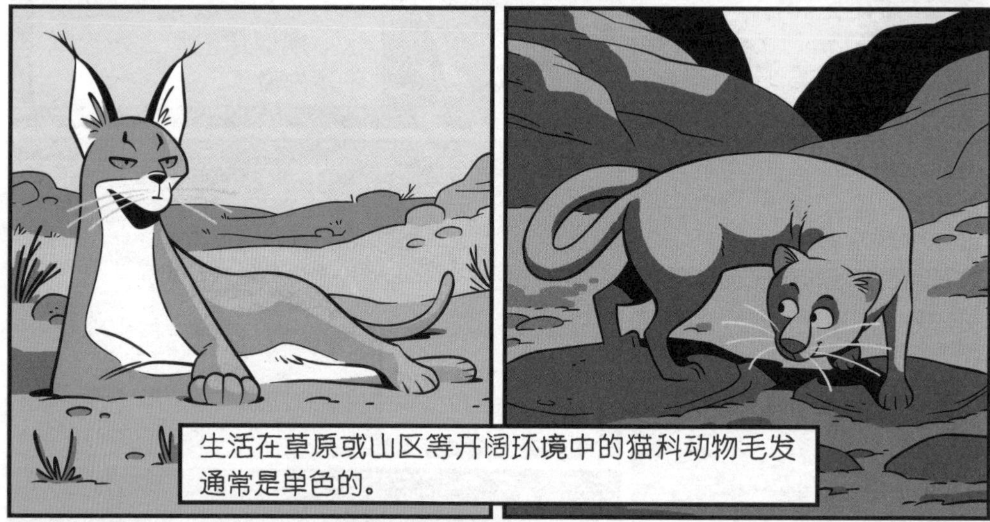
生活在草原或山区等开阔环境中的猫科动物毛发
通常是单色的。

当然也有例外。
谁？
我？

你知道猫科动物身上为
什么有花纹吗？只是为
了好看吗？

咦？
惊讶吧！
毛色能帮猫科动物完美伪装！
喵！
看到了吧，单色的皮毛能与岩石或草地融为一体。
带斑纹的皮毛在斑驳的树影下，很难被发现。
那老虎的条纹呢？
垂直的条纹分割了它们的身体轮廓，猎物很难分辨它们是否在那儿。如果猎物刚好是色盲，那就更看不清了。

另外，很多猫科动物都有黑化个体存在。

你会发现这些黑色的猫科动物在多种生态环境中都具有优势。无论是在森林、灌木丛还是岩石周围，都有阴暗处让它们很好地躲起来。

黑化的美洲豹和花豹很常见，因此，大家经常将这两种动物的黑化个体统称为黑豹。

那美洲狮呢？！

没有黑色美洲狮真实存在的证据。不过美国却有数千次有关“黑豹”的目击记录。

但美国唯一的本土大型猫科动物是美洲狮，这又是怎么回事呢？

嗯嗯，黑豹，
嗯，卡在树上了。
嗯，有多大？

人们看到的黑豹很可能是一种大型的家猫……

威武的棕色美洲狮的影子……

或者只是目击者想象出来的。

如果“美国黑豹”真实存在的话，那它们隐身的本领真是太厉害了！
即使有的话，我也一定能发现！

但是我并没有可以在灌木丛中隐藏的斑纹。
该死！
我的毛色也不是单色，没办法躲在空旷的户外。
该死！
我能肯定的是：即便是在阴暗的环境里，我也很显眼。
该死！
喵——！
不错，我的毛色没啥用，我的肚子已经说明了这点。
咕噜咕噜！
我知道你饿了，肚子。

难以置信！你知道现在人们多喜欢我这身毛吗！
这也太荒谬了！
多可爱的小猫，可悲的是，它以前竟然一直在流浪。

但是，猫不仅有可以伪装的外表，还有锋利的牙齿和爪子。

我还不想放弃！
我还不想放弃！

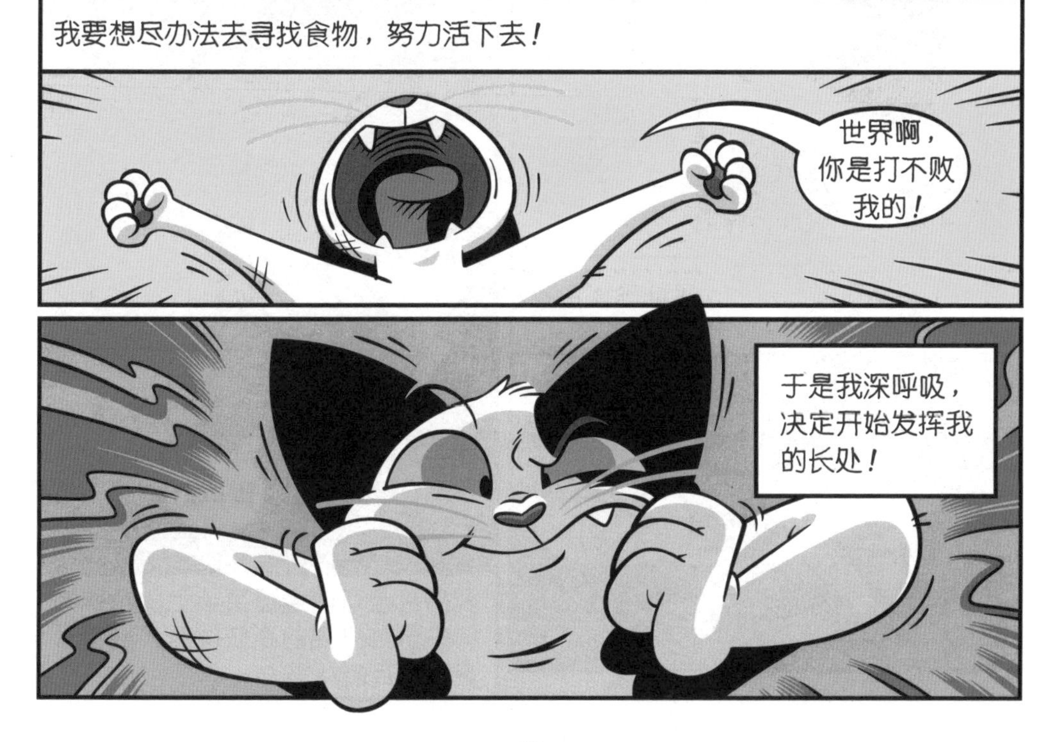
我要想尽办法去寻找食物，努力活下去！
世界啊，你是打不败我的！
于是我深呼吸，决定开始发挥我的长处！

首先，猫的耳朵可以听到的音域远超人类，尤其对高频音域敏感。
这能让我们听到啮齿动物发出的高频的吱吱声。
吱吱吱！
啊哈！

我们能够通过哪只耳朵先听到的声音来判断声源的方向。
吱吱吱！
在左边！

我们的耳朵可以分别转动来准确地接收信息。
吱吱吱！
在那边不远！

吱吱吱！
在上面！
我们甚至可以通过耳朵上的特殊结构来分辨声源的高低位置。没错，我们能耳听八方！

薮猫因其超强的听力而闻名。
嘘！
也难怪，有这样的大耳朵嘛。
这种体形纤细的猫科动物会长时间静坐，仅凭等待和倾听就能找出躲在高高的草丛中的啮齿动物。
沙沙
沙沙
沙沙
沙沙
一旦听到了猎物的声音，薮猫就会跳起来向猎物扑去。
它们的肩高仅有0.6米，却能跳近3米高！
吱吱吱，吱吱吱！
它们依靠听觉捕猎，所以在起风天，风吹得草丛沙沙作响，掩盖了猎物的声音时，它们就不会浪费时间去捕猎了。
我正好想眯一会儿。

猫科动物的眼睛对光非常敏感，因此我们在几近黑暗的环境中也能捕猎。
小点心，你在哪儿啊……？

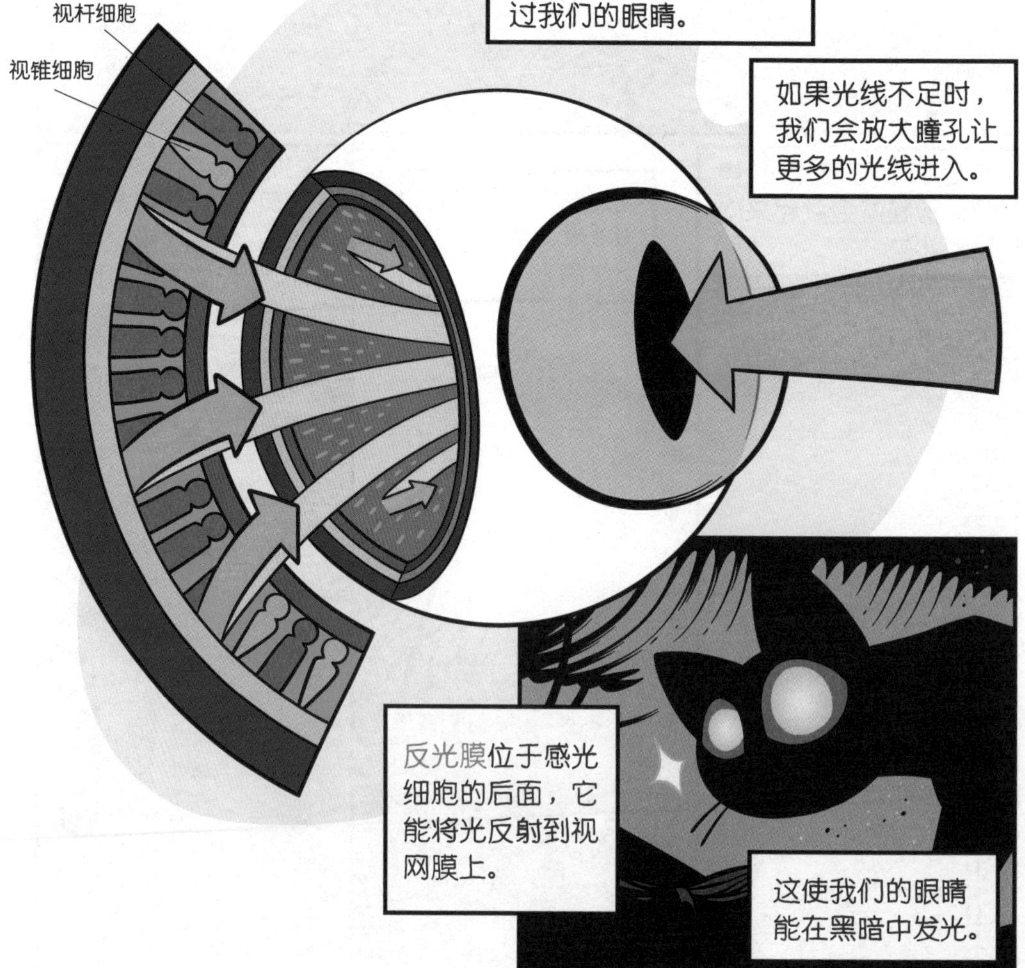
当光线照到眼睛后面的感光细胞上时，就能看到东西了。
感光细胞中的视杆细胞能感应亮度，猫科动物有很多视杆细胞，即便是最微弱的光线都逃不过我们的眼睛。
视杆细胞
视锥细胞
如果光线不足时，我们会放大瞳孔让更多的光线进入。
反光膜位于感光细胞的后面，它能将光反射到视网膜上。
这使我们的眼睛能在黑暗中发光。

猫
人
视锥细胞是另一种感光细胞，不同的视锥细胞接收不同颜色的光。
猫有接收蓝光和黄光的视锥细胞，但数量不多。
猫眼中可容纳感光细胞的空间是有限的，而对于猫来说，在夜里能看见东西比分清颜色更重要，因此它们的眼睛中绝大部分都是视杆细胞。
不过，我们能够看到人类看不到的紫外线。
看看这幅神奇的画！只有我们猫才能看见画上画了什么！

哐！

我们的眼球只能接受一定亮度，否则这些敏感的视杆细胞会超负荷工作。
嗷！好刺眼！
通过缩小或放大瞳孔，可以控制光线的射入。

光线明亮时，我们会通过缩小瞳孔，将光线控制在我们能接受的范围内。

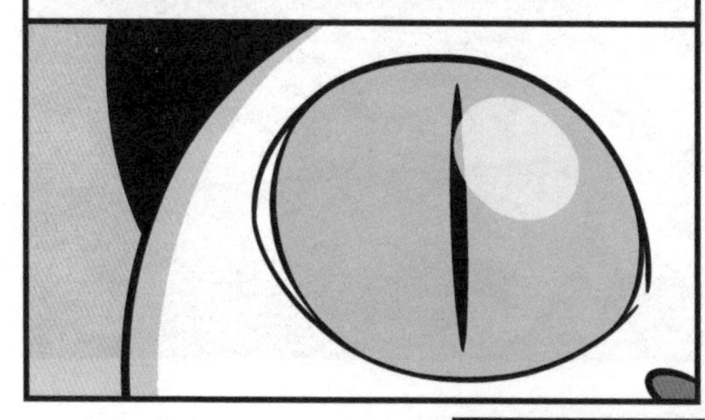

而在黑暗中，我们会放大瞳孔，让足够的光线进来，以便清楚地视物。

人眼也可以通过缩放瞳孔，在黑暗中将亮度放大15倍。

但我们家猫的瞳孔可以将亮度放大至135倍。

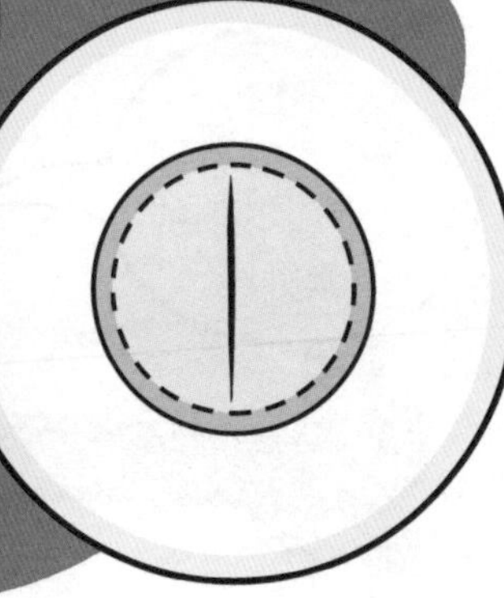

难怪从没见过猫使用手电筒！

竖瞳被认为是猫科动物的标志，但并不是所有猫科动物都有这项本领。
事实上，体形越大的猫科动物，它们的瞳孔就越圆。为什么会这样呢？

竖瞳更容易聚焦水平位置的物体，使其周边模糊而中心清晰。

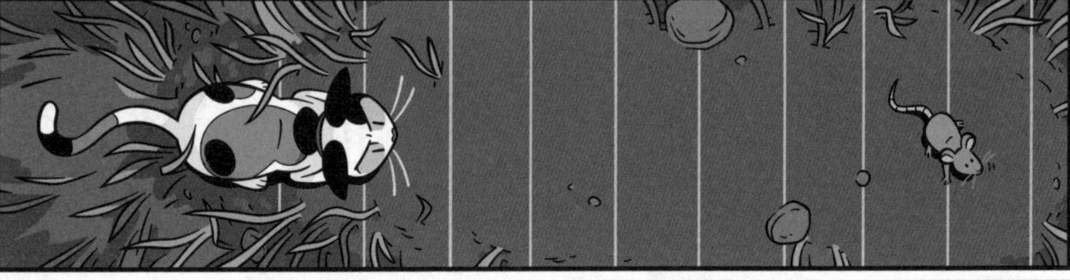

对于贴伏于地面的捕食者来说，竖瞳有利于它们判断猎物的距离。

而视线位置越高，效果就越不明显，因此竖瞳对于大型猫科动物没什么用。

大多数猫科动物都喜欢伏击，一击制胜对它们来说至关重要，因为很可能没有第二次机会了。

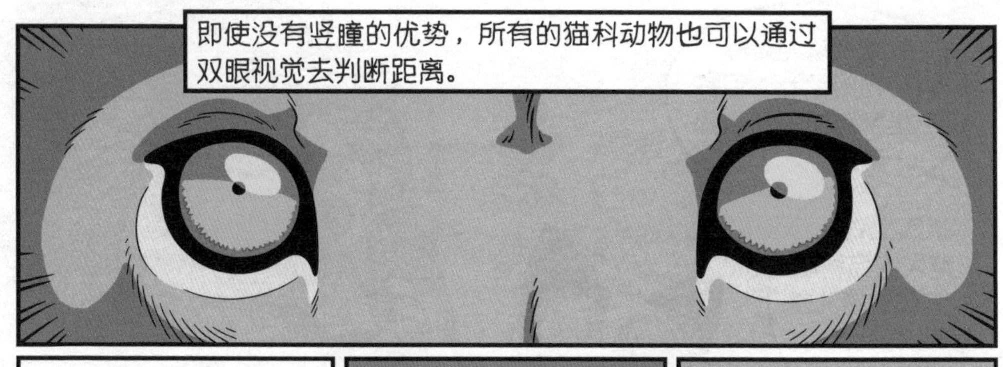

即使没有竖瞳的优势，所有的猫科动物也可以通过双眼视觉去判断距离。

双眼视觉在眼睛朝前的动物中很常见，人类也是如此。它的工作原理是将左眼看到的构图……

和右眼看到的构图……

结合成3D效果图。完美!

两只眼睛的视野重叠得越多，对空间感知就越好。非捕食性猎物的眼睛长在头部的两侧，以扩大视野来警惕袭击。嗯，我们会看到……

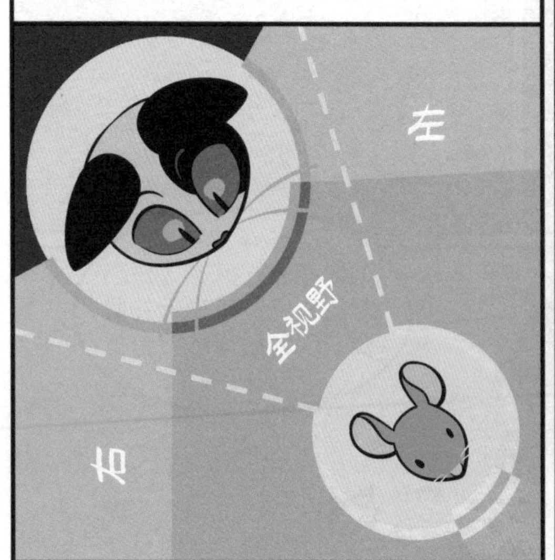

双眼视觉结合全方位立体听觉，猫科动物可以敏锐地感知周围环境。

记住，这次突袭一定要一击中的。

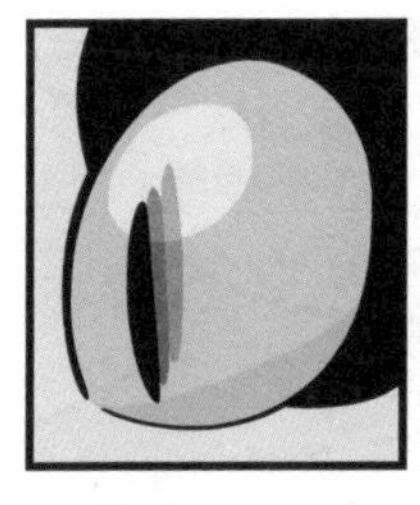
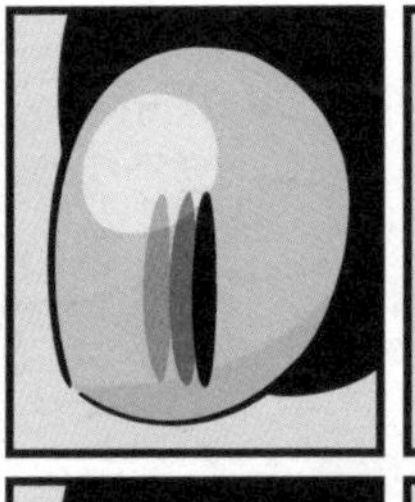

为了跟踪快速奔跑的猎物，猫的眼睛会“眼跳”，以防止运动模糊……

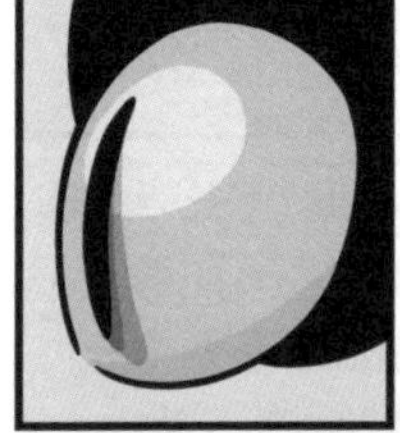

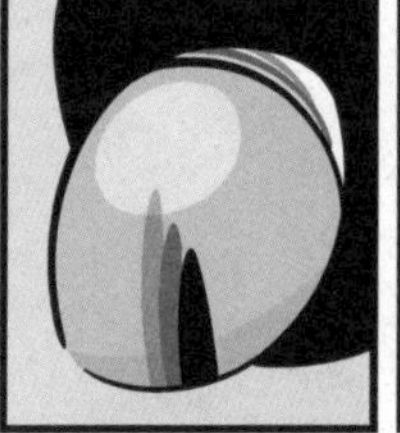

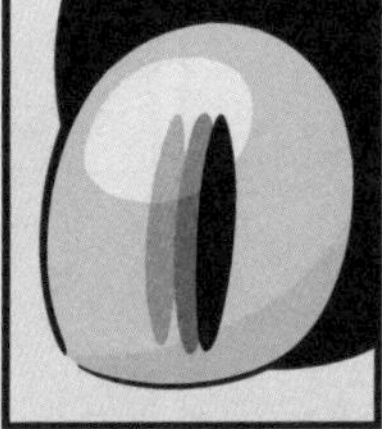

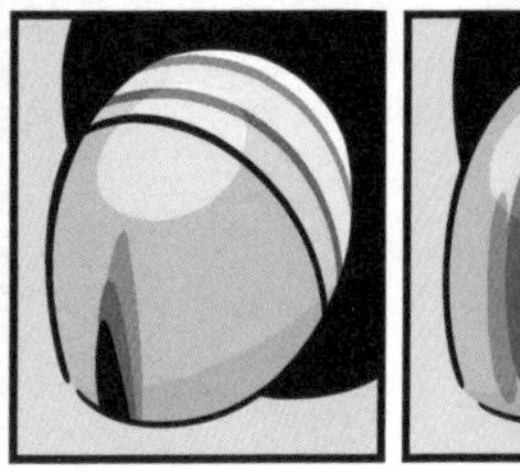

眼睛与大脑协同合作，优先处理运动的物体……

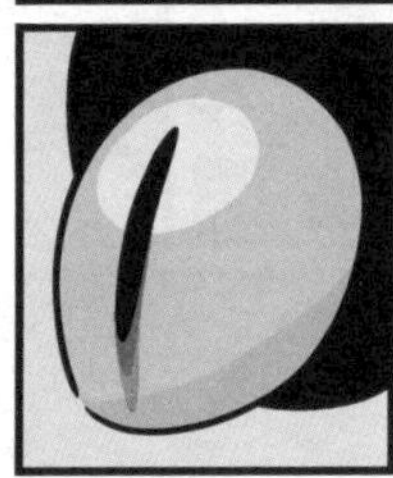

这只老鼠跑不掉啦！

别跑，站住！

在最后紧要关头，我的撒手锏既不是动人的眼睛，也不是可爱的耳朵。

不是可怕的爪子，也不是锋利的牙齿。

而是我的秘密武器——触毛！

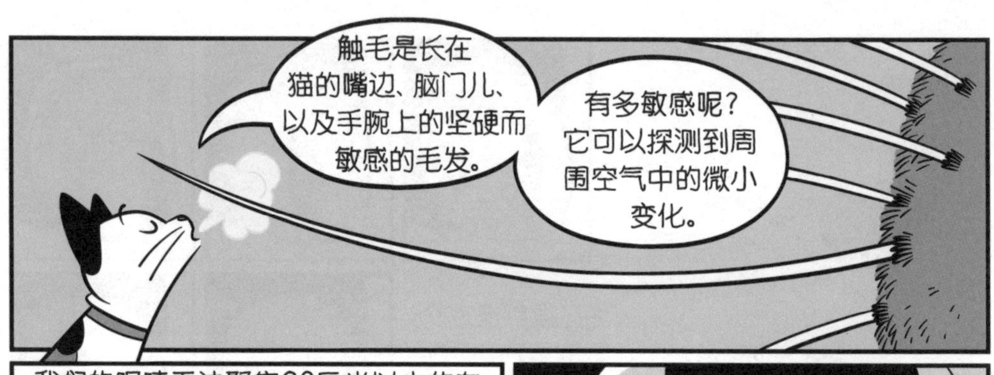

触毛是长在猫的嘴边、脑门儿、以及手腕上的坚硬而敏感的毛发。
有多敏感呢？它可以探测到周围空气中的微小变化。

我们的眼睛无法聚焦30厘米以内的东西，我们天生就是远视眼，因此当一顿佳肴就在我的鼻子下面时，我得把头往前伸，用触毛去“看”。

咕嘟

咕嘟

真好吃！
与其他的感官一样，我们的味觉也是为了帮助自己吃肉！
尝一尝

我们从肉类中获取营养，所以我们擅长辨别肉类，我们对肉食之外的菜都不感兴趣。

闻闻闻

这是什么啊！
什什什什什——么啊？！

哪怕在野外，猫科动物也对食物很挑剔。我们提倡均衡的饮食，从长远的角度来看，挑剔食物有助于我们确保任何一顿饭都不会对我们的身体造成伤害。

如果有什么食物让我们生病，那我们就再也不会吃了，它将从食谱中永久删除！

猫，尤其是幼猫，偶尔会吃草，这是真的。你可以称之为“保健食品”，因为这能帮助我们清除肠道中的有害寄生虫。

我们喜欢的植物是什么呢？

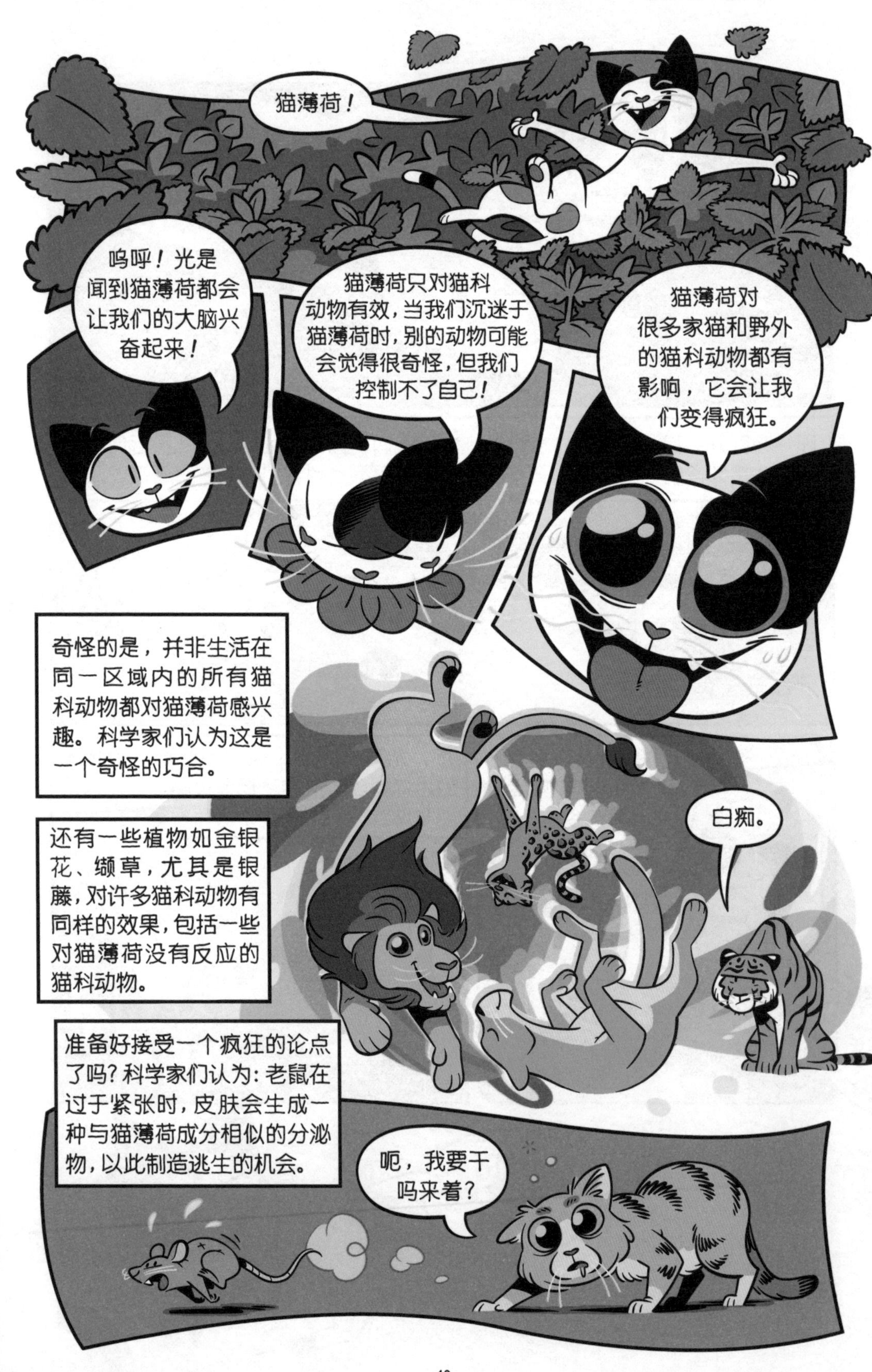
猫薄荷！
呜呼！光是闻到猫薄荷都会让我们的大脑兴奋起来！
猫薄荷只对猫科动物有效，当我们沉迷于猫薄荷时，别的动物可能会觉得很奇怪，但我们控制不了自己！
猫薄荷对很多家猫和野外的猫科动物都有影响，它会让我们变得疯狂。
奇怪的是，并非生活在同一区域内的所有猫科动物都对猫薄荷感兴趣。科学家们认为这是一个奇怪的巧合。
还有一些植物如金银花、缬草，尤其是银藤，对许多猫科动物有同样的效果，包括一些对猫薄荷没有反应的猫科动物。
白痴。
准备好接受一个疯狂的论点了吗？科学家们认为：老鼠在过于紧张时，皮肤会生成一种与猫薄荷成分相似的分泌物，以此制造逃生的机会。
呃，我要干吗来着？

我一直都很挑食。

就算饿了，也不会饥不择食。
又来?!
咕噜咕噜!

吱吱!
吱吱!
啊哈!

请不要为此指责我。
吱吱吱吱!

我尝过成功的甜头，所以请原谅我的执着。
吱吱吱!
吱吱吱!

虽然有时……
吱吱吱!
嘶——
吱吱吱!
吱吱吱!
吱吱吱!
噫——!
当当当
当当当

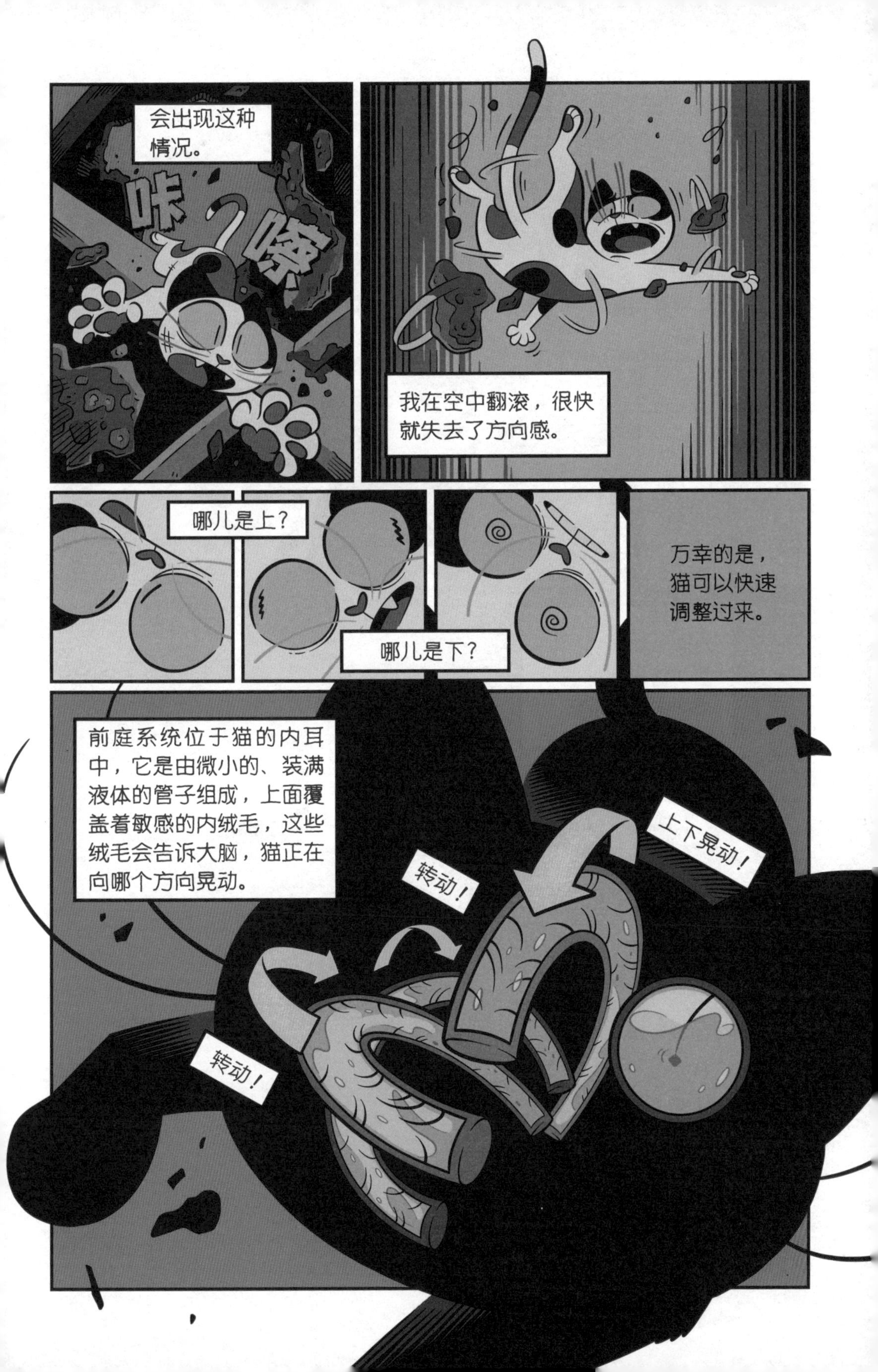
会出现这种
情况。
咔嚓
我在空中翻滚，很快
就失去了方向感。
哪儿是上？
哪儿是下？
万幸的是，
猫可以快速
调整过来。
前庭系统位于猫的内耳
中，它是由微小的、装满
液体的管子组成，上面覆
盖着敏感的内绒毛，这些
绒毛会告诉大脑，猫正在
向哪个方向晃动。
上下晃动！
转动！
转动！

不到1/10秒，我就辨别出方向了。我的翻正反射能力确保我能用脚着陆。
我会先把头转向地面，再收起前腿，转动柔韧的脊柱。
后腿保持伸展，以减少空气的阻力，无须其他助力。
看，动作丝滑。

接下来，我伸展前腿，减缓翻滚的速度，再把后腿收回到身体的正面。
在我完成这一套动作后，唯一的问题是：我还在往下落。
嗖！降落伞式！
正如“降落伞”这个名字一样，降落伞式减慢了猫的下降速度，让我们能在高空坠落后有机会幸存下来。
当下坠的速度足够慢时，我只需伸开四肢，拱起背来为着陆缓冲……

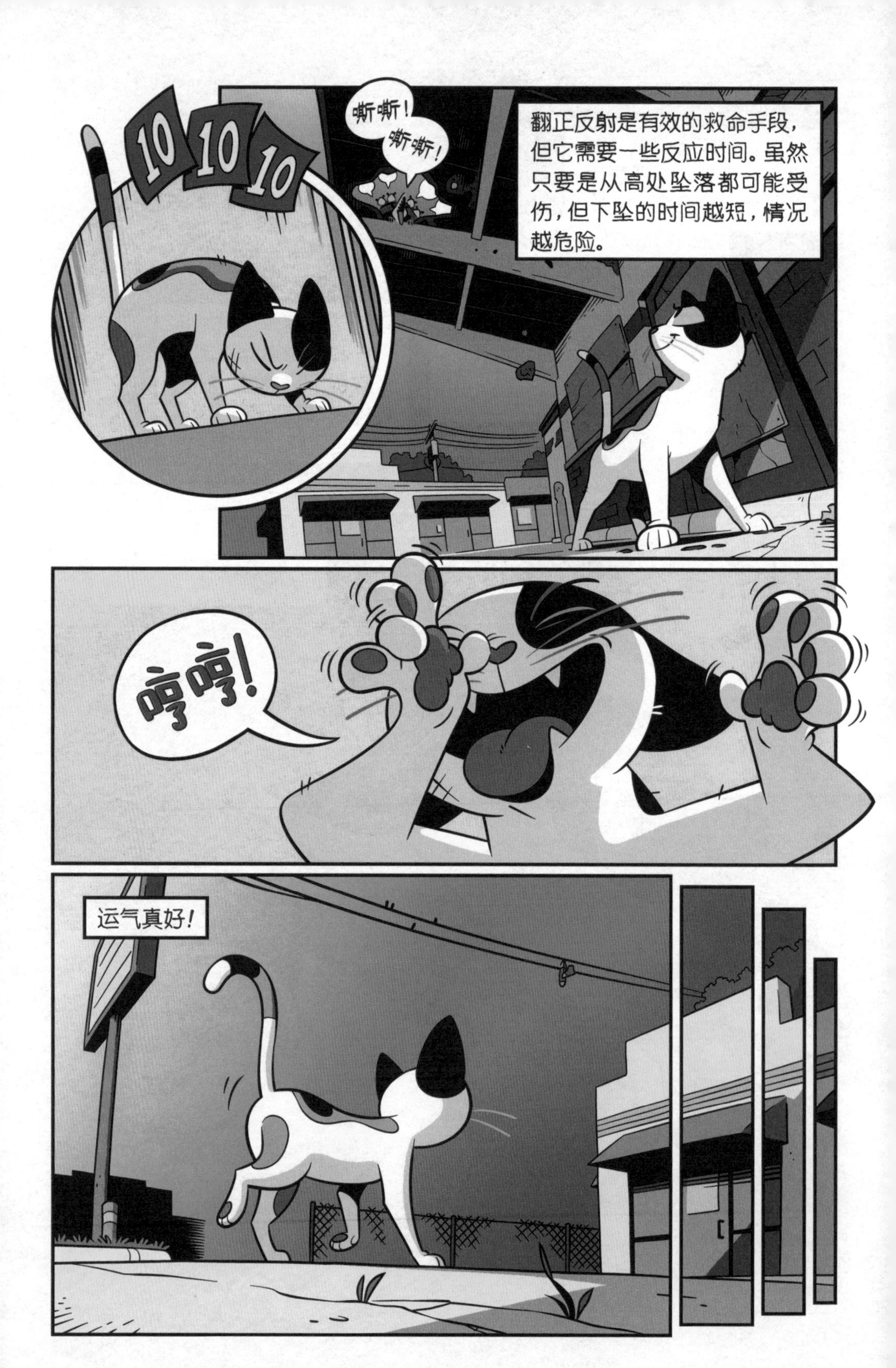
10
10
10
嘶嘶！
嘶嘶！
翻正反射是有效的救命手段，但它需要一些反应时间。虽然只要是从高处坠落都可能受伤，但下坠的时间越短，情况越危险。
哼哼！
运气真好！

有时能抓到一顿救济餐。

有时能侥幸逃脱危险。

运气好的话，能找到安全的地方休息；要是运气不好，睡觉都得保持警惕。

有一次特别惨，因为很长时间没有捕到猎物，我饿得腿都软了。

猫在看不见也听不见的情况下，仍然能通过嗅觉识别信息。我肯定闻到了什么！
我们的鼻子如此小巧，以至于人们低估了我们的嗅觉。

猫的鼻腔内有数百种不同的香味受体，每种香味受体都能检测到目标气味的不同强度。综合起来，这些香味受体可以区分数十亿种气味，这真是太厉害了！

我沿着气味一直走，直到一根柱子上的抓痕引起了我的注意。
啊！

哦，这个？这个傻乎乎的表情叫：裂唇嗅反应。

这代表我用了秘密武器：我的第二个气味探测器——犁鼻器。

犁鼻器长在我嘴里，在上颚的位置，它能探测到一种叫信息素的化学物质。

每个物种都有其独特的信息素，它可以传递如身份、健康情况以及交配意愿等信息。信息素就像一张气味档案卡。
哦，原来你是这种猫呀。

?
年龄
健康
吸引力

这些抓痕是为了吸引其他猫注意气味，有的家伙真的很想被关注！

但它们在哪里？

气味印记是一种具有持续性的交流方式，气味在猫离开后的很长时间依旧会在周围漫延。

也许它们知道哪儿有食物！

野猫之间不怎么碰面，气味可以帮它们避免直接接触。你也知道，猫和猫初次见面并不总是融洽的。

呃，也许它们想一起对付我！

是食物……

还是打架……

我别无选择，只能抓住机会。
如果我找不到吃的，说什么都没用了！

这一定是“厕所”。

一个猫厕所。

猫科动物洗手间。

天然猫砂盆。

臭气掩埋处。

肮脏的室外厕所。

你要不阻止我，我还能说出更多。

通常能在猫活动的沿途或领域边界处发现猫粪便。我们会有意识地在远离我们吃饭或睡觉的地方排便。显然，埋过猫粪便的地方是一个可以安心排便的安全处所，但几天后，细菌和寄生虫滋生，我们就会换个地方。

正如著名谚语所说……
有点臭，
没关系！
非常臭，
请离开！

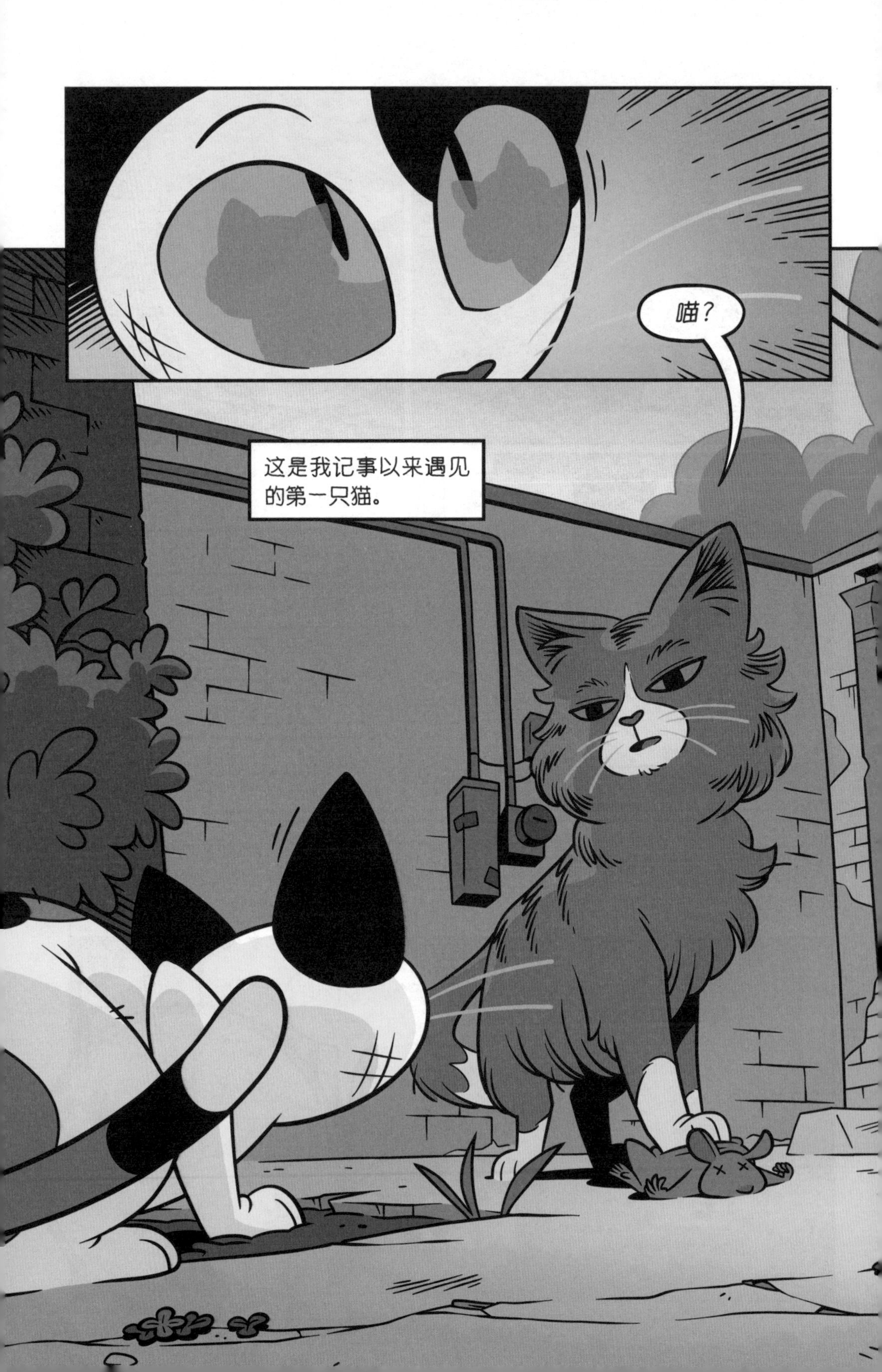
喵？
这是我记事以来遇见的第一只猫。

我该说点儿什么好？
我该干什么？

竖起尾巴总是没错的，这是示好的表现，就像人类打招呼。

看起来效果不错！

嗅嗅
闻闻

砰
啊，“碰头”的感觉也很好。

友好的猫会热情地用相互摩擦来打招呼。

但这不是单纯的相互摩擦，这样做能把气味蹭到对方的身上。

看，我们身上布满了各种能够散发气味的腺体，我们喜欢到处散播我们的气味。

钩尾巴可以用来自我介绍！

蹭脸用来表示“我在这儿”。

磨爪子用来表示“这是我的地盘”。

目前还不清楚是否每只猫的腺体都能分泌不同的分泌物，但确实气味各有不同。

真不敢相信！这就走了？!

猫总是独来独往，以性格高冷而闻名。

野猫不会合作，只会竞争。假设一只猫发现了好吃的。

大声嚷嚷只会引来其他猫争抢食物！

我的！

嘿！把我的食物还给我！

我不给又怎样，胆小鬼！

如果生病了，大声嚷嚷还会让恶霸知道自己正处于弱势。大自然只会眷顾低调的小猫。

但我需要帮助，我想这只猫一定知道如何在这里生存。

等等！

只有一种社会性群居猫科动物，它们体形庞大，那就是狮子。狮群一般由20多只狮子组成，多数是母狮和小狮子。

作为经验丰富的捕猎团队，母狮们大部分时间都在一起捕猎。

嗷！
通过合作，它们能够捕食大型猎物，如角马、河马，甚至是大象。
嗷！
！
嗷！

而雄狮每天在家休息20个小时。

我没睡，
我只是在闭
目养神。

噢！欢迎
回家！
让我猜
猜……

所有野生猫科动物中，只有狮子会像家猫一样，用竖起尾巴来表示友好。

如果你见到一群猫科动物，很可能是猫妈妈带着它的孩子。遗憾的是，幼猫长大后也会离开。

它打
我啦！
没有！
打了！

不错，
兄弟。
是啊，
兄弟。
爱你，
兄弟。

猎豹也是会长期集体活动的野生猫科动物，它们成年后会和兄弟们一起捕猎。

我也能拥有那样的关系吗？

哇……今天也不算
太倒霉嘛！
禁止
停车
警告

这里可真不错，看起来没有一只猫在挨饿。
更重要的是，它们相处得很融洽！

猫是独居动物！

它们有领域意识！

它们几乎不交流！

但当它们的需求得到了满足时……
独居的天性是可以改变的。

噢？
那有个新
面孔。
孩子，你从
哪儿来呀？
你……
你们好？

我叫凯伦。
蹭蹭

宝拉。
蹭蹭

很高兴认
识你们。
我是……
新来的。
我知道，
孩子。
喵？

我就这么顺从了。实际上，捏合导致的行为抑制（PIBI）也让我无法动弹。当母猫叼着幼猫脖子后面那块松软的皮毛时，幼猫会本能地变软，便于母猫转移。

妈妈？
妈妈？
妈妈？
妈妈？

呃……这是怎么回事？

猫妈妈不会为了教训幼猫而叼它们。它们这样做是为了带幼猫们脱离危险，回到窝里。

在野外，猫经常搬家，所以幼猫也学会了合作。

我们到了，暂时住这儿吧。

我提到了很多次猫妈妈，因为它们会一直陪伴在幼猫身边。猫爸爸总是四处游荡，而猫妈妈则会在家中操持家务。猫科动物是由雌性掌权的母系社会。

猫科动物会选择食物充足且集中的地方定居，只要不缺食物，这一代的女儿就会留下来，成为新一代妈妈。

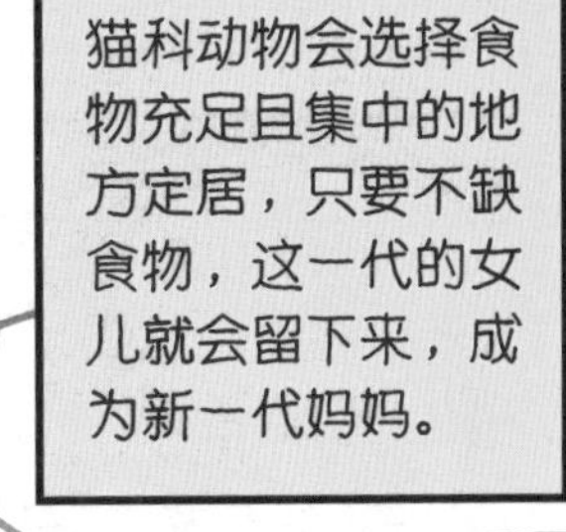

还好，幼猫们至少有一个有责任心的家长，因为新生的幼猫还很无助。
甜心，就快到了。
新生的小猫看不见也听不到，但是它们可以闻到……
妈妈！
妈妈！
妈妈！

最重要的是，它们可以感受温暖，所以它们会成群地依偎在一起！
孩子们，我们有新邻居了。
你们好？
你好！

事实上，新生的小猫非常依赖妈妈。如果它们不紧挨着妈妈，即使天气很暖和，它们也会觉得冷。

拜托，你这样会着凉的！
喵……

小猫出生后的前几周只能喝母乳，它们会通过踩奶来获得母乳。它们动动小爪子，晚餐就流出来了。

新生小猫甚至不能自己舔毛。

梳理毛发对大型猫科动物和小型猫科动物来说都很重要。

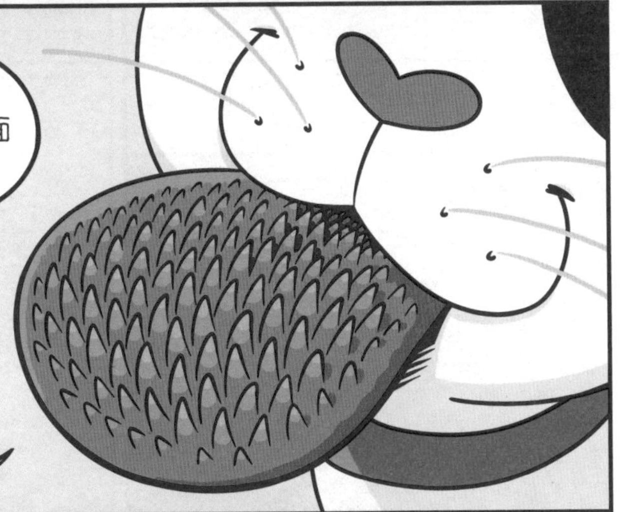
我们的舌头粗糙得像砂纸一样，因为上面覆盖着一层小倒刺。
坚韧的刺可以帮我们把肉从骨头上刮下来，还能帮我们在梳理毛发时刮走脱落的毛发、老化的皮肤细胞、灰尘、虫子等。

这些东西会被我们吞下，然后不经消化就吐出来……
呃！
抱歉，要出来了……

咳！咳！
咳！

这是毛球。
小型猫科动物才会吐毛球。

猫科动物只能通过爪子排汗，因此用唾液舔毛有助于我们抵御高温。

而且，梳理毛发时会分泌出帮我们隔离低温和潮湿的油脂。

别忘了，干干净净没有异味的猫科动物才能悄悄捕猎而不被发现。

嘿！
哪儿来的臭味！

我们用爪子来梳理舌头够不到的其他部位。

我们和家人、朋友也会互相舔毛。
好梦，小猫咪。

如果你听到了幼猫的呼噜声……这是一种安静的请求，也许只是为了让妈妈待在原地。
呼噜噜噜
呼噜噜噜噜
妈妈也会发出呼噜声。低频率的呼噜声似乎能缓解生产后的痛苦，这在生理和心理上都能起到安慰作用。
有趣的是，能发出呼噜声的猫科动物不会咆哮，能咆哮的猫科动物不会发出呼噜声。
喵呜！
咳咳
喵呜！
嗷？
嗷嗷嗷呜？
嗷嗷嗷嗷？
你甚至可以根据它们呼噜声的大小来区分小型猫科动物和大型猫科动物。
会发出呼噜声的最大的猫科动物是美洲狮，会发出咆哮声的最小猫科动物是豹，它们的体型差不多。
嘘！
它们要睡了！

大约4周后，幼猫就能走路了，但眼睛还没发育完全。然而……
该训练了。
艳阳高照。
正适合你表现自己，孩子。
啪
嗒
蜂拥而上

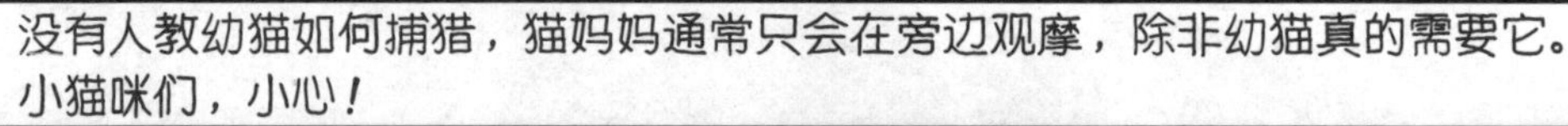
没有人教幼猫如何捕猎，猫妈妈通常只会在旁边观摩，除非幼猫真的需要它。小猫咪们，小心！

很好，干得不错！
好好打基础！

幼猫们互相打闹时掌握的行为，应用到猎物身上，就变成了狩猎行为。

假以时日，这些小毛球将如你期待的那样，成为捕猎能手！

天哪，接下来发生的一幕让我大吃一惊。

对不起！
我以为抓
到了。
天啊！

走开！我不想
找你麻烦！听到
了吗？
孩子！
这样打招呼可
不礼貌呀！
嗖

它来这儿
干什么？
跟你一样，
这儿正好有空房
间给它住。

但，它不是
小猫呀！
它在我们的窝
里，就是窝里的伙
伴，所以……
但……
但是！

像我这样的猫，家庭是很有趣的。一窝小猫有共同的妈妈，但可能有不同的爸爸。

猫妈妈们会互相帮助照顾幼猫，这样它们就可以轮流看护幼猫或出去捕猎，所以幼猫也有了不同的妈妈。

因为猫通常情况下都是独居的，它们默认窝里的哺乳动物都是它们的宝宝，它们也会像妈妈一样照顾所有“幼猫”。

多幸运呀。

嗨！

总之，它出现在猫窝里，就是窝里的“小猫”。

我又有什么资格质疑呢？

很有爱，对吧？

有爱？疯了吧！猫应该把猎物吃掉，而不是跟它们做朋友！

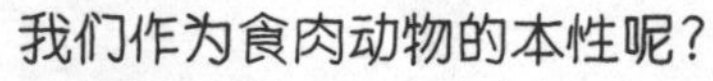
我们作为食肉动物的本性呢？

呼——
呼——
我们作为捕食者的自觉呢？

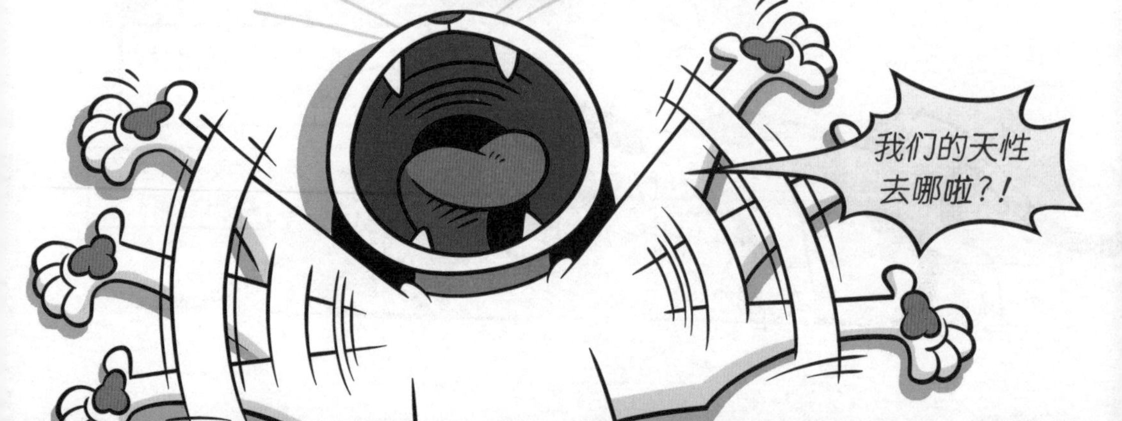
我们的天性去哪啦？！

这是一个好问题。大约在一个世纪前，有人曾做过两组对照实验。
让小猫在不同的环境中长大，比如：
自己长大。
有会捕鼠的妈妈照顾。
有其他小猫和老鼠陪伴。
有一只老鼠室友。
A
通过观测这些实验对象捕食行为的差异，也许可以得知什么才是猫真正的天性。

在会捕鼠的猫妈妈养育下长大的幼猫表现得跟你想象的一样：大多数幼猫在很小的时候就会捕鼠了。

但到了独自成长的幼猫这里，事情变得有趣了。相同的环境下，只有不到一半的猫能抓到老鼠。

没有一只猫会杀死和它们一起长大的老鼠。

最让人惊讶的是，和老鼠一起长大的猫竟然爱上了老鼠。

毫无疑问，猫在没有看到猫妈妈捕猎的情况下，能找到捕猎的方法，虽然它们选择的猎物可能不同。

但是，如果猫在没有受到鼓励的情况下，可能会和猎物友好相处，那么它们的天性是掠夺还是和平呢？

猫特有的
身体结构、牙齿
及爪子，使它们
会有很多特定
的行为。
猫的行为有
多种可能，这是
由它们的身体特
性决定的。
猫会
选择什么行
为……
取决于经验。
也取决于它们是如
何被培养的。

有什么办法可以增加或减少猫的行为，改变猫的天性吗？
嗯……首先我们得清楚是什么决定了我们的天性？答案……

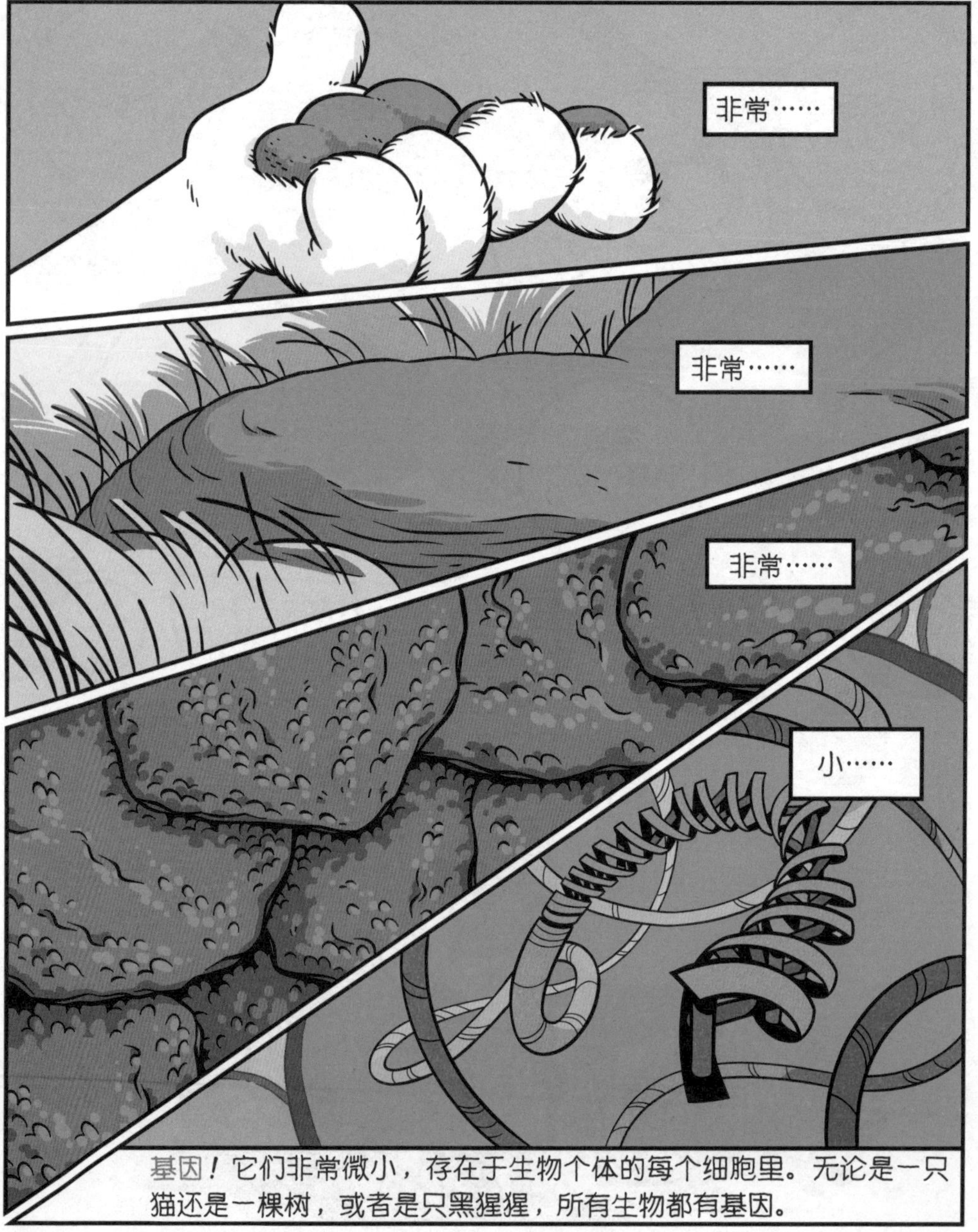
非常……
非常……
非常……
小……
基因！它们非常微小，存在于生物个体的每个细胞里。无论是一只猫还是一棵树，或者是只黑猩猩，所有生物都有基因。

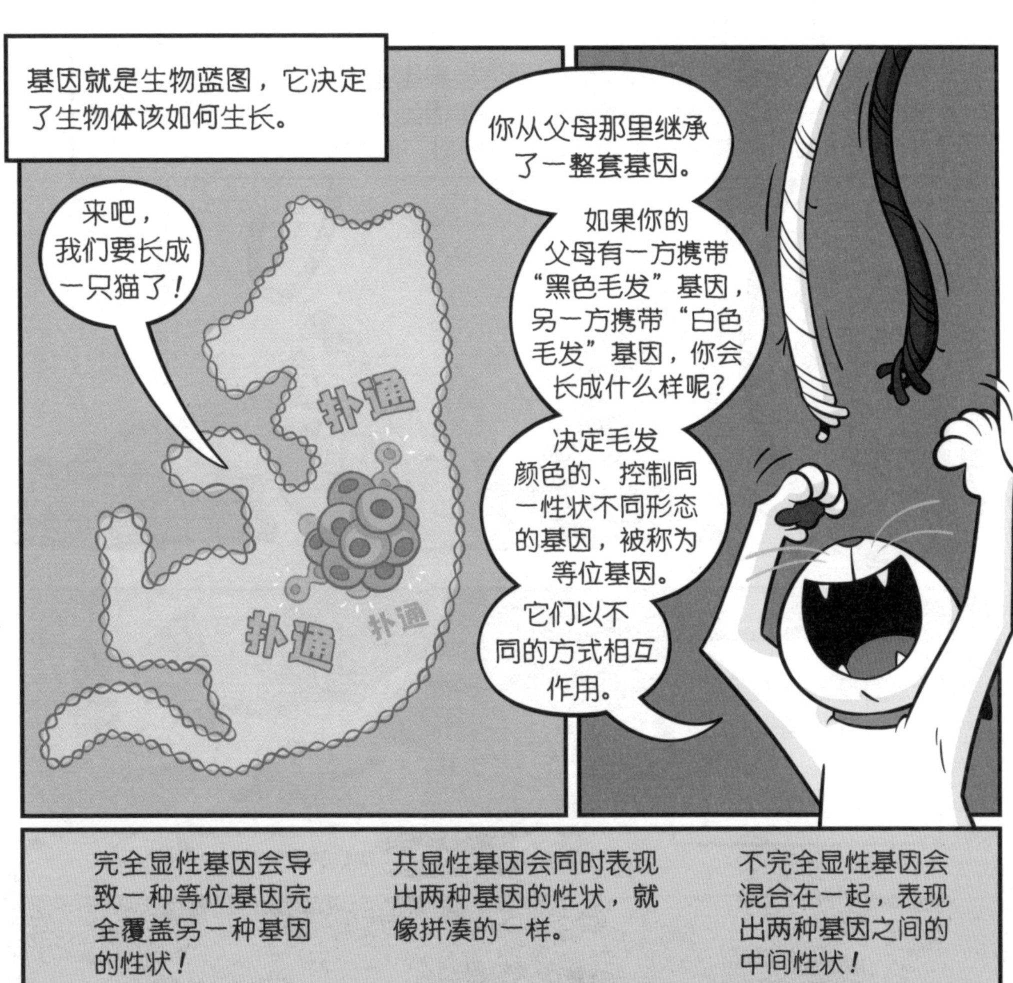
基因就是生物蓝图，它决定了生物体该如何生长。
来吧，我们要长成一只猫了！
扑通
扑通
扑通
你从父母那里继承了一整套基因。
如果你的父母有一方携带“黑色毛发”基因，另一方携带“白色毛发”基因，你会长成什么样呢？
决定毛发颜色的、控制同一性状不同形态的基因，被称为等位基因。
它们以不同的方式相互作用。

完全显性基因会导致一种等位基因完全覆盖另一种基因的性状！
共显性基因会同时表现出两种基因的性状，就像拼凑的一样。
不完全显性基因会混合在一起，表现出两种基因之间的中间性状！

大多数情况下，性状跟多个基因有关，因此遗传性状会变得……
很复杂。

你基因的组合就是你的基因型，而你表现出来的任何特征，无论是生理上的还是行为上的，是你的表型。基因型影响表型，但基因型非常不同的个体其外表和行为却可能非常相似，反之亦然！

你的基因型永远不会改变，但你的表型会因为生活环境的不同而改变。

你周围的一切，从休息的岩石到喝水的河流，从居住地的气候到你的伙伴，所有这些构成了环境！

不同的个体有不同的性状……
好高！

当其中的一些性状表现得比其他性状更出色时……

如果这些性状可以代代相传，就不可避免地出现了自然选择的现象。

随着时间的推移，一些有优势性状的个体的后代比那些不那么有优势性状的个体的后代更多，自然选择现象会使这些优势性状更普遍。

就这样，物种改变并进化到了最适应环境的样子。

但自然选择只作用于表型特征，对吧？如果一种生物的基因倾向于让它回避大型的、直立的、体表几乎没毛的哺乳动物，但在该生物的生存环境中却没有这种哺乳动物，这种特征就成了秘密，不是吗？
它不会体现为表型特征，因此也不会受到自然选择的影响。
哈欠！
那意味着一个物种会有各种与这种基因相关的不同的表型特征。
有些个体天生胆小，有些个体天生胆大，其他大多数介乎两者之间，但很难分辨，因为它们周围没有大型的、直立的、几乎没毛的哺乳动物在旁边！
如果环境改变了会怎样？如果……哦，天哪，如果大型的、直立的、几乎没毛的哺乳动物出现了呢？

嗨，
小猫！
就在我刚刚安顿
下来的时候。

啊，
你好，
西蒙！
蒂莉，
好姑娘！
一会儿你就暖
和了，索克斯！

哎呀，我一直让他们别
把你们的房间堵上。
好了，谁想
喝点水？

咦，我
以前没见过
你……

不知为什么，我并不害怕。
别怕。

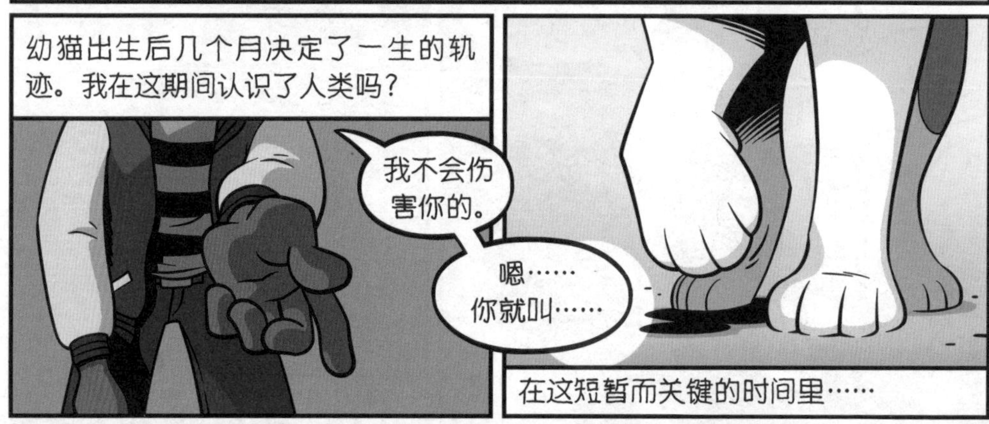
幼猫出生后几个月决定了一生的轨迹。我在这期间认识了人类吗？
我不会伤害你的。
嗯……
你就叫……
在这短暂而关键的时间里……

我接受过人类的善意吗？
豆豆。

吸鼻子！

吸！
没错！

几乎所有的猫科动物都会从他身边逃走，但像我这样的猫却不一样。这是我们家猫的天性。

大约十万年前，在世界的那头，最后一种剑齿虎灭绝的地方，生活着一种小型猫科动物。

在新月沃土，非洲野猫的生活方式跟大多数野生猫科动物一样。

像所有野猫一样，这只猫也是个投机取巧的猎手。不管饿不饿，它都会想办法吃东西，以免断粮。

现在，在这只猫的环境中出现了一种新的动物，一种巨大的、直立的、无毛的哺乳动物——人类。人类那儿没有多余的食物给猫，所以他们没有交集。

这些人类以前以游猎为生，但最近他们一直停留在一个地方种植谷物。稳定的食物来源让他们的生活更轻松。
按住

咕噜!

这奇怪的味道是什么？是……谷子？
人类的存在也让老鼠们活得更容易了。

踩住！

是谷子！

它们从哪儿弄来的这些东西？

人类走向农耕社会后，开始储存粮食，而储藏粮食的粮仓对老鼠来说是充满吸引力的。
就像充满老鼠的地方能吸引猫一样。
流口水

哦，这只野猫做不到。

也许有另一只野猫不会胆怯。

这两只猫有什么不同？一只能很好地利用新环境，而另一只不能。当它们接近人类时，一只胆小，另一只胆大。这种差异隐藏在它们的基因型中，而且这种改变游戏规则的表型差异直到人类出现后才显现出来！

既然这样的表型是有利的，那这只猫就会有更多的机会把这种大胆的特性遗传给后代。
它们生下的小猫吃得更好，也更健康、更容易存活，因为它们也拥有大胆的特性。

通过自然选择，新一代的猫比前一代更能接受人类。越来越多的猫利用这种集中的食物来源，它们彼此之间也会更宽容。

随着对人类环境的逐渐适应，这群非洲野猫也向驯化迈出了第一步。

未被驯化的猫与人类是共生互惠的关系，这意味猫与人在互不影响的情况下彼此受益。在这种情况下，猫可以利用人类作物获得老鼠。

肉！
肉！
肉！

人类得到了什么呢？猫能捉老鼠来帮人类防治鼠害，但这种受益并不可靠。人类从来没有雇猫全职捕鼠，所以猫只在想出手的时候出手。

等下我就去抓，它们跑不了。
呼

而且勤劳的宠物狗已经存在了几千年，它们本身也是不错的捕鼠者。

汪
走开！
汪！

那么，猫还能做什么工作呢？
我们能提供什么新服务？
哈欠！
严肃点儿！
我还有别的能耐。

可爱！
众所周知，猫的可爱是经过科学验证的。
我们有婴儿般的面部比例，人类无法拒绝我们的可爱。
大大的眼睛！
哇哦……
圆圆的脑袋！

胖嘟嘟的
脸颊！
哇哦……
小小的
鼻子！
我们毛茸茸的、软软的，摸起来很舒服。
还有那喵喵的叫声，让人心都化了！
哇哦……
只要让人觉得舒服就行，谁说世上没有这样的工作呢？

人类已经习惯了把我们训练成可爱的小猫。但如果有老鼠，我们也愿意发挥传统技能。

非洲野猫只是众多野猫中的一种，其他的还有：

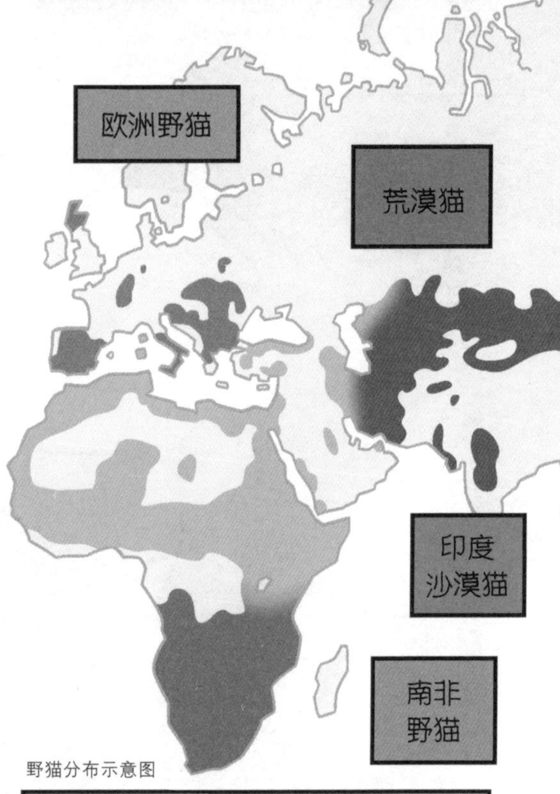

野猫分布示意图

你知道吗，这些不同地域的野猫在一起也可以繁育后代。

驯化前的非洲野猫开始跟随人类一起迁徙，它们会随时随地与当地的猫杂交繁殖。从此，它们的一只爪子进入了文明世界，但另一只爪子却依旧停留在野外。

我们在埃及找到了最疯狂的粉丝，早在4500年前，我们就已经在那里被当作宠物饲养！
喵
埃及人爱猫爱到改变了他们的神！以巴斯泰托为例，祂被塑造为狮子头形象的战神。
随着时间的推移，祂变成了一只顽皮的小猫！
古埃及人最早完全掌握了猫交配的习性，他们为了宗教仪式而繁育了无数的猫。
我可以随时让它们停止繁衍！我只是不想让它们那么孤单！
可以把这个家伙当作第一个猫奴。

猫坐船走向了世界各地。
我们是船上的吉祥物，既不碍事又能抓老鼠。

一旦我们发现自己身处新的环境，起初为了适应北非生活的种种能力就没用了。

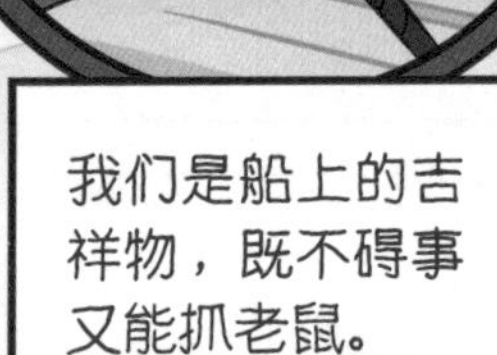

环境改变后，生物也随之改变。渐渐地，在没有人类干预的情况下，未驯化的猫开始区别开来。

在温暖的东南亚，短短的毛发和苗条的身材可以让我们保持健康和快乐。

我享受海岛时光。

在寒冷的北欧，长长的毛发和敦实的身体才是最好的选择。

我感觉很舒服！

在地理隔离的条件下，不同地区的猫自然繁育发展出不同的品种。

从那以后，
猫和人类在一起生
活了几千年。

这些猫被驯化了吗？

首先，人类得给我们提供食物。

其次，我们必须得到庇护，或被限制行动。

第三，我们的繁殖也得被人类限制。

驯化了？

大概吧？

猫可以跟人类共处，并且人类也为猫提供了一定的生活所需，这是肯定的。

不过，人类是否百分百驯化了猫，这一点还有待商榷。
如果只是简单地驯服猫，被驯服的个体会包容人类，但这并没有改变猫的本性，它们的后代还需要重新驯服。
驯化却不同，对人类的耐受会随着基因代代延续，这个物种也会在人类环境中繁衍发展。

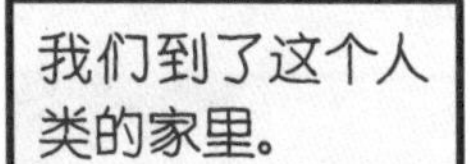

我们到了这个人类的家里。

或者说我们的家。

他考虑得很周到！新家有很多猫在野外就喜欢的东西。

可以登高！

可以躲猫猫！
还有东西让我磨爪子！

没有野猫像我一样，如此心甘情愿地待在这样的环境里。其他野猫天生就不懂得欣赏新朋友。

但这并不意味着所有家猫都喜欢人类。

我们的社会化阶段是有期限的，早期没有得到适当培养的家猫可能会一直提防人类。

尽管如此，猫的本性已经发生了足够大的改变，即便是胆小的家猫也比最大胆的野猫更能包容人类。

甚至那些世代生活在超偏远地区，从未见过人类的猫科动物，反而比野猫更友好、更容易信任人类。

但你得是只非常大胆的猫，才能接受这些。

猫很少对着同类喵喵叫，多数情况下它们都是对着人类叫——可能是因为人类不像猫那样，对气味敏感。

因此，在家养环境下，猫和人类必须对猫叫的含义达成一致。

看！每只猫和它们的主人之间都有属于它们的秘密语言！

嗯，什么都不用干
不是很好嘛……
像狗这样的家养动物有各种工作要做，所以人类饲养了不同的狗来做不同的工作。
大型山地犬用来牧羊。
又小又短的香肠犬可以钻洞狩猎。
健壮、好斗的狗可以防治鼠害。
外形各异的它们各司其职。
而猫有什么本领是这些狗所不具备的？
我想，大概是可爱……

早期的家猫都是棕色的，并且带有鲭鱼虎斑型花纹，就像它们的野生祖先一样。

被毛的颜色通常会在被驯养之后开始改变，与牛、猪和狗一样，家猫的身上出现了斑纹，颜色也深浅不一。

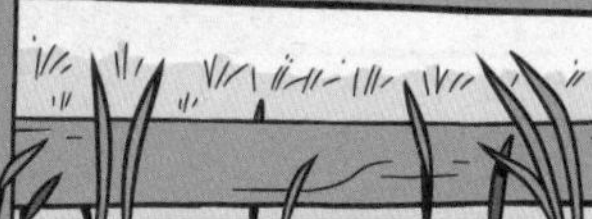

原因之一可能是家猫不再需要用有伪装色的被毛来适应野外生活。如果不用偷偷靠近猎物或躲避捕食者，为什么还要伪装呢？

反过来看，没有伪装色的猫不太可能在野外存活到可以延续基因的时候。

特定的基因突变会使猫发育出对温度敏感的皮肤和毛发，导致四肢比温暖的身体核心部位的皮毛颜色更深或更浅。

嘿，这样子真好看！在人类的帮助下，这些基因留存了下来。

如果一只猫的基因突变引起了人类的兴趣，他们会希望这种特性可以遗传给尽可能多的小猫。

与自然选择不同的是，人工选择是指人类根据自己的意愿来繁殖物种，而不是为了适应环境。这意味着猫的外表由人类说了算！

受欢迎的基因突变本就持久，人类稍加干预便会长时间延续。比如，维京人显然最喜欢橙色的虎斑猫。

他们超爱这些小毛球，外出打劫时都要把它们带在船上。

这些可爱的变种猫通过自己的方式融入了本地的种群，所以即便维京人已经消失很久了，但橙色的虎斑猫在这些地方仍然随处可见！

通过严格控制猫的交配，人类便能决定小猫可能表现出来的特征。
人工选择可以挑选人类喜欢的任何特征，而人类对于我们猫的选择重点一向在外观上。
随着时间的推移再加以训练，可以创造出与众不同的品种。
这些猫世代只与自己的同品种猫交配，并且得符合严格的身体标准。

今天，猫有
将近40个品种，
且每一种都有很
多变种。
这里，
猫咪，
猫咪！
俄罗斯
蓝猫
曼岛猫
斯芬克
斯猫
柯尼斯
卷毛猫
阿比西尼亚猫
美国卷
耳猫

东方短毛猫
美国
短毛猫
巴厘猫
苏格兰
折耳猫
缅因猫
埃及猫

波斯猫和暹罗猫是现存已知人工品种里最古老的。看看它们因为人工选择而变得多么不同！

除了身体上的不同，它们的性格也截然不同。

波斯猫更安静、慵懒，它们对狩猎不感兴趣。

暹罗猫更活跃、亢奋，简直是猎物的噩梦。

多年来，这些可预测的巨大差异引起了育种者的兴趣，虽然性格上的差异相比外表没有那么重要。

为什么暹罗猫这么活跃吵闹？也许是因为健谈、爱玩的猫受到了历史悠久的皇室的喜爱。

需要经常梳毛的波斯猫在梳毛的过程中表现得冷静和惬意，人们在繁育长毛特征的猫时，这种沉稳的个性也无意中被延续下来。

家猫可以和其他一些猫科杂交出新的品种，这就是为什么会有孟加拉猫、游猎猫、萨凡纳猫等品种。
家猫 × 亚洲豹猫
家猫 × 乔氏猫
家猫 × 薮猫

看起来，跨物种繁育让猫的驯化走了回头路，杂交猫并不适合作为宠物饲养。这并不意外，因为杂交猫的野生猫父母没有对人类耐受的基因。

但通过与家猫交配几代，这种友好的家猫性情恢复的同时，外貌也大变样了！

猫的家养生活很容易被打破，猫似乎很容易回归原始的生活方式。事实上，今天人类饲养猫的方式与饲养其他动物的方式完全不同。

如果15%的猫在家养的第一年就离家出走，那么，人类的家真的是必要的庇护所吗？

当回归野外的猫捕猎当地野生物种为食，人类的喂养还是必需的吗？

如果只有3%的家养猫来自人工育种，而超过30%的家养猫都是来历不明的收养猫时，该如何选择驯化基因呢？

在美国，每天出生的家猫数量比所有野生的狮子加在一起还要多，这些家猫中有很大一部分是流浪猫。

为了控制流浪猫的数量，并且改善它们的健康状况，人类开始推广TNR程序（诱捕trap、绝育neuter、放归release）。

TNR的流程包括抓捕流浪猫，给它们做绝育手术，以防它们生出更多小猫……

再把它们放归。通过计划和执行TNR程序，能很大程度减少流浪猫的数量。

但是容易被抓到的都是最粗心、最不害怕人类的猫。这也意味着，拥有谨小慎微基因的猫将占据更大的比例。人类无意间让胆小的猫基因有了更多遗传的机会，这会让猫的驯化倒退吗？

很明显，家猫并没有完全失去野性。这甚至可能是人类喜欢我们的原因。
揉
捏

当人类生活在井然有序的文明世界时……
嗒嗒
嗒嗒

我们在他们身边，拉近着人类与自然的距离……
人类喜欢我们野性的一面，我们也爱着人类文明的一面。

什么？我说的这些当然跟你的问题相关！
而且这故事多温馨呀。
开门见山还是离题？

天哪。

无所谓啦，我就是这么一个幸福地生活在人类世界中的狂野猎手。

多么大的反差啊！

我只是我，一个小狮子、一个食肉的捕猎机器、一个勇往直前的幸存者……
哈哈！豆豆，你到底在做什么？
咔嚓

301
2 326
79 338 228
奖杯猫打盹
2,013,323,484浏览
不错!
天哪太太太太太可爱了吧!:D
这猫太萌了!!!
LOL
谁能告诉我这猫叫什么?
<3 <3 <3
我看了一节课!
假的。
844 779

太令人惊
叹了。喜欢上我
这么完美的生物
很正常。

采访结束
了吧？
好的。

咔！
各位，干得漂
亮，收工！
来吧，
豆豆，该系
好安全带准
备着陆了。
是的，我也
爱你。
喵！
降落

猫!猫!猫
奖杯猫实录:

打盹冠军!

喵！

喵喵。

喵？
喵喵喵！

喵！

哎……
谁出的主意去采访一只猫？
一舞成名
剪辑师

—词 汇 表—

TNR

诱捕trap、绝育neuter、放归release的缩写，指通过给流浪猫做绝育手术来减少流浪猫数量的策略。

表型

生物个体可观察到的特征，如外表和行为。

反光膜

视网膜后面的一种组织，它能二次反射光线以提高夜间的视力。这种反射可以让猫的眼睛在黑夜中发光。

翻正反射

使猫在跌倒时调整方向以减少受伤风险的一系列动作。

黑化

黑色素的形成导致了黑色的皮毛。黑化的个体在美洲豹和花豹中比较常见，有时它们会被称作“黑豹”。黑化现象有时也出现在小型物种中。

基因

含有特定遗传信息中的DNA片段，是遗传的基本单位。

基因型

生物个体的全部基因组成，它可以包含没有显示的性状的代码。

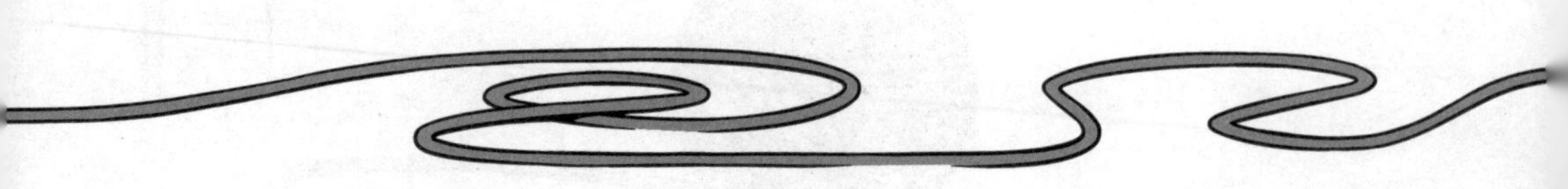

剑齿虎亚科

一类已经灭绝的猫科动物，有明显的长犬齿，包括：剑齿虎、刃齿虎、锯齿虎等。

进化

一个物种的性状和基因随着时间的变化，使它们能够根据以下原则适应环境并实现多样化。

自然选择：适应环境的生物以更快的速度适应外部环境，生存、繁殖和发展的过程。

人工选择：人类有意地培养生物体，使其后代表现出理想的性状的过程。

裂唇嗅反应

猫对信息素皱鼻子、张嘴的面部反应，这种行为与猫的犁鼻器有关，犁鼻器是位于口腔顶部的第二个气味器官。

母系社会

由雌性领导的社会组织。如：家猫群体中有一群稳定的母猫，它们负责抚养小猫，而公猫则在群体中进进出出。

捏合导致的行为抑制（PIBI）

这对小猫来说很重要，当它的脖子后面松弛的皮毛被抓住时，它会反射性地变软。

食肉动物

这类动物饮食中至少70%的部分为肉类。

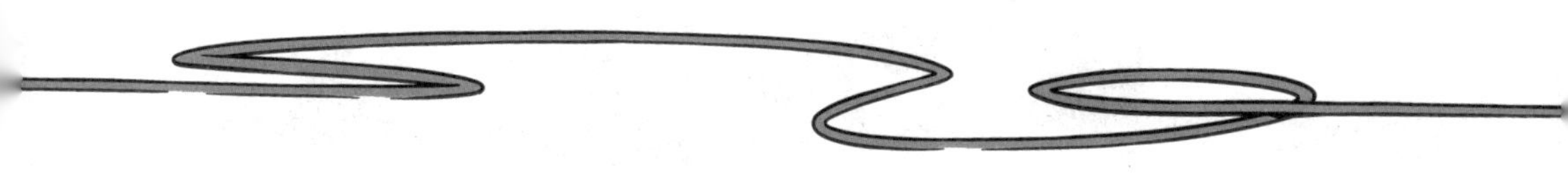

驯化
驯服一个物种使其成为宠物或劳动力的过程，这通常会造成一种依赖，从而使被驯化的动物失去在野外生活的能力。

新月沃土
中东两河流域及其周边的肥沃土地，因其形状像一弯新月而得名。

眼跳
快速地转动眼球以精准地追踪猎物。

运动模糊
快速移动的物体造成的模糊痕迹。